# 發酵文化

# CULTURED

KATHERINE HARMON COURAGE
Author

## How Ancient Foods Can Feed Our Microbiome

These days, probiotic yogurt and other "gut-friendly" foods line supermarket shelves. But what's the best way to feed our all-important microbiome—and what is a microbiome, anyway? In this engaging and eye-opening book, science journalist Katherine Harmon Courage investigates these questions, presenting a deep dive into the ancient food traditions and the latest research for maintaining a healthy gut.

凱薩琳・哈爾蒙・柯瑞吉——著　方淑惠——

方舟文化

本書謹獻給我的父母，潘蜜拉・羅傑斯與威廉・哈爾蒙，

感謝你們鼓勵我勇於發問以及動手實作。

〔推薦序〕

# 一次解答你對發酵的疑問

Beher食物研究圖書館創辦人　謝碧鶴

很榮幸向大家推薦這本書，在摸索發酵食物多年來，很多一知半解的疑問，多虧作者凱薩琳・哈爾蒙・柯瑞吉在書裡一次解說到位，爲我解答了許多疑惑！她循著古老發酵文化的軌跡，走訪世界數國，並以幽默的文筆闡述微生物、飲食、發酵科學與健康新知，尤其著重彼此間的整體關聯性。

當你閱讀本書時，將追隨凱薩琳的發酵之旅，開啓嶄新的視角，一步步探索很多重要的「爲什麼？」

例如：什麼是原生腸道菌叢？吃進高纖食物對我們爲什麼很重要？

手工傳統發酵飲食的多元微生物菌群，和現代食品生技業者強調健康的益生菌之間，到底有什麼異同？

我們要如何滋養和保護體內的原生微生物生態？

微生物多樣性爲什麼重要？

抗生素如何被濫用？又會產生什麼影響？

讀了這本書，我們將更瞭解古老發酵食物的強大力量，也會意識到，在我們認知的養育生命現象裡，微生物缺席了很久很久！**藉由發酵飲食讓微生物進入生活，是最簡單、健康，又可大啖美食的好方法**。在冬季到來、高麗菜生產過剩的時節，尤其又閱讀了這麼多爲什麼而腦子一片混沌時，讓我們跟著書中這道「德國酸菜」食譜（第一六八頁），邀請親朋好友一起來動手製作，材料只需要高麗菜和鹽。請盡情享用這道美味又健康的微生物料理大餐，好好地餵養我們的身體和腸道裡的原生微生物群！

近年來發酵食物在世界各地蔚爲風潮，除了書中介紹這波發酵浪尖的先驅之外，我想介紹亞洲地方的風土發酵飲食文化的書籍和活動。一是日本的發酵設計師小倉ヒラク先生，他爲了研究日本發酵文化，走遍日本四十七個縣的山脈，海洋，島嶼和城鎮，歷經八個月，記錄了淡路島清酒、愛知八丁味噌和小豆島醬油等古老日本發酵飲食及文化。* 二是韓國食品振興廳於二〇一九年十一月二十六日於首爾舉行「發現韓國與東盟之間的發酵食品文化的價値」文化論壇。Beher 食物研究圖書館多年來著重在研究及推廣發酵飲食，未來也將從不同面向探索更多食物的可能，讓我們一起學習動手製作和支持傳統地方發酵飲食文化吧！

---

* 小倉ヒラク的兩本發酵著作為《日本発酵紀行》（d47 MUSEUM）（二〇一九年）、《発酵文化人類学 微生物から見た社会のカタチ》（二〇一七年，木楽舎）。

〔推薦序〕

# 發於人文之前，酵孕世界

Gather四合院自釀文化復育中心共同創辦人 徐永年、陳嘉鴻

人類還沒有學習用火、沒有冷藏保存的技術前，發酵在人類的生活中扮演重要的角色，就如此脈絡來看，發酵技術與文化對於人類來說，是原本具備的能力，但因為飲食習慣的板塊移動，發酵逐漸潛藏，但仍是我們飲食的地基根本，隱隱存在著。

本書帶領我們進行一趟探索發酵的旅程，從希臘海濱到首爾、瑞士阿爾卑斯山區、東京，看見發酵是飲食的國際語言，同時也是最在地、無可取代的一門藝術。發酵是門藝術，因為不同風土場域，可排列出不同的特殊風味，無法複製、無從仿冒。

作者Courage引領我們看見發酵的多樣層次，也提醒微生物菌叢與人的關係。她扎實地蒐集資料、分析與研究，娓娓道來踏訪之處的風土飲食、酵潮釀汐，博覽發酵的靜謐、熱鬧、奔放與嚴謹等眾多氛圍，可見微生物群的豐富樣態。

本書提到的清酒、康普茶、漬物、乳酸發酵與麴（味噌與醬油的靈魂），恰好對應四合院將發酵學區分為酒、醋、漬、味等四個取徑，主發酵菌群分別為酵母、醋酸菌、乳酸菌與麴菌，會因為原物料與菌群、環境等關係，主要發酵菌可能彼此幫襯、互為相輔。

麴滲透於我們的飲食文化中。麴發於米上，藏在鹽麴、米味噌、甘酒與清酒中，米麴發酵過程，會產生糖化與酒化作用。

麴透於豆上，藏在豆麥醬油、蔭油、豆豉、豆味噌、大醬等，發酵過程除了糖化與酒化外，也會將蛋白質轉化爲特殊且迷人的風味。

發酵是有生命的，可能因爲釀造者的情緒而有起伏。有不少農友比較過自己心情愉悅與煩躁釀造的差別，發現煩躁容易壞事，愉悅就能順利，發酵像是擁有讀心術一般，看透你的心緒。

發酵在還沒有滅菌之前，還是會持續發酵，創滋造味。我們曾收到不少釀友珍藏一年、兩年，甚至更久的自釀醬油，加上剛熬煮好的醬油，一字排開，滋味各有巧妙，陳年醬油比當年醬油更加醇厚，就是因爲發酵是有生命的，經過歲月的加冕，更能感受禮讚的奧妙。

發酵開拓適口合味的人生。我們都會鼓勵釀友，在首次發酵時可以走完發酵全程，爲自己探詢最適口味。釀友可以每天品嚐自己的酒或其他發酵品，先沿途欣賞光景，待重遊時，再依照自己喜好，決定收成的時間點，而每個人的喜好很難完全相同，也會闊出新的滋味維度。

我們曾舉辦釀友聚會，釀友會帶自釀酒赴約，雖然是同種食材、同等釀造條件，有的隱異，有的像是印記般深刻，有的淺藏，有的深埋，突然有感：「每個人都有自己的風土，輝映著發酵微生物，造出屬於自己的發酵系態」，每個人的發酵系態獨一無二，沒有贋品，旁人更難以臨摹。

農釀不二的美善世界逐漸式微、熟知發酵技術的世代逐漸掏空，本書極力揮舞導遊旗幟，導引讀者嘗試新穎的本能，探索初食——不過度包裝、口感不精緻的食物。就讓我們加入發酵行列，扎實奠基我們的發酵本能。

〔推薦序〕

# 讓你愛上發酵的一本好書

發酵迷創辦人　黃靖雅

書店上好久沒有新的發酵書籍了，當我知道方舟文化即將出一本關於發酵的翻譯書籍時，內心雀躍不已。

作者凱薩琳．哈爾蒙．柯瑞吉同時也是《科學人》雜誌的特約編輯，在這本書上充分融合了發酵科學論述與多項發酵食的田野紀錄，深入淺出的文字讓人一讀再讀、欲罷不能。

從二〇一六年開始，美國醫學期刊出現大量的篇幅或文章，討論關於腸道微生物菌相如何和我們的免疫系統產生關聯。大家開始注意到腸道的重要性可能不亞於大腦，而腸道菌相的多元生態，和發酵食關聯至深。這股迷人的發酵之風，也重新吹進了我們的生活裡。

台灣也處在這股發酵食的熱潮中，並且融入於更多人的記憶。我們所處的緯度與氣候、豐饒的物產，讓手作發酵食更爲多元，再加上悠久的發酵風土，很多人的小時候都曾有過醬缸文化。

台灣是福島，緊鄰大山大海。山海藏，藏盡富饒。

來自司馬庫斯／新光部落的深山香菇，來自金門海峽深海的新鮮海帶，進入發酵甕，靜待轉化，熠熠發光。

望著望著，看著看著，看著呆著。

彷彿進入深山，山豬野兔；
好像潛入海裡，珊瑚海星。

我熱愛發酵，悠遊台灣物產土地間，點石成金，幻化爲詩。
若說是詩人，那麼，棋子盤的甕牆像稿紙，多樣性的物產是文字。誠心誠意，置心一處，將它譜成了詩，形構美好。

我可能不是一流的詩人，然而，在萬年發酵文化，它並不計較我們的身世，眾生皆平等，願人來愛酵。

# Contents 目次

Chapter 9

## 美式料理新風潮

**「我之中有無數的我。」**

——華特・惠特曼，《自我之歌》（*Song of Myself*），1855年

**「腸道微生物對食物的依賴，使其採取方法改變了我們體內的菌叢。」**

——埃黎耶・梅契尼可夫（Élie Metchnikoff），《延年益壽：樂觀的研究》（*The Prolongation of Life: Optimistic Studies*），1907年

# 前言：我們不孤單

我們總認爲自己是演化的巔峰，自信地邁開腳步，最後脫離了原始淤泥，從樹上來到地面，成就了我們驕傲的直立姿態。雖然我不想貶低人類，但我們並不是單憑一己之力，而是有外力相助，才達到這種眾人所知的巔峰。

我指的並不是原始人猿，甚至是導致恐龍滅絕的那顆小行星，而是指小生物。更明確地說，我們獲得來自數兆細菌、眞菌、病毒和古菌的幫助，這些微生物在人體內存在數百萬年之久，甚至早在人類出現以前，就已經在地球上存在數十億年。華特．惠特曼[1]的認知比他想的還要正確，我們體內包含了窮盡想像力也想不到的無數個生命。

我們體內不僅「**包含**」無數微生物，也「**仰賴**」這些微生物生存。如果沒有這些微生物，我們根本無法存活，因爲我們絕不可能發展出正常運作的免疫系統，也無法從食物中攝取到許多額外的養分；而我們整個身體，不論體內或體外，都會變成一個廣大、開闊、開放的環境，任何病原體都可以趁虛而入，把我們的身體當成棲地。換句話說，沒有微生物，我們將會徹底完蛋。[2]

近年來我們一直虧待這些重要的微生物。在人類熱切追求進步，科學又未臻成熟，加上一點傲慢的驅使下，我們正在加速破壞這個複雜又重要的體內生態系統。我們體內的微生物，統稱爲人類微生物相（microbiota）或微生物體（microbiome）[3]，正在消失當中。

就在我們開始了解體內微生物與健康和疾病的關聯時，上述轉變也正在發生。我們發現微生物相的變化與肥胖、過敏、糖尿病和憂鬱症有關。儘管醫學不斷進步，目前這些疾病的盛行率仍持續升高。

如果從我們體內微生物的視角來看自己的日常舉動，會發現：我們似乎有計畫地讓微生物

---

1 譯註：華特・惠特曼：Walt Whitman，美國文壇中最偉大的詩人之一，有自由詩之父的美譽。

2 更正確地說，我們根本打從一開始就不會存在。

3 後文會時常交替使用這兩個詞語。有些科學家認為「微生物體」僅是微生物相基因的統稱，就像人類基因組泛稱為人類基因。但我比較偏向另一派研究人員的看法，就是「微生物體」應該泛指整個環境，也就是微生物、內臟及一切，就像我們討論「生物群落」是指森林還是三角洲一樣。說到這點，雖然我們常以flora指稱腸道微生物，但這其實是誤稱，flora通常與植物有關，而在此我們談的主要是與植物分屬於完全不同領域的生物。這可能是幾世紀之前發生的合理錯誤。但即使是十七世紀第一個看到細菌的人，也就是顯微鏡發明人安東尼・范・雷文霍克（Antonie van Leeuwenhoek），也將這些微小生物稱為「微動物」。因此本書依舊採用由微動物體一詞演變而來的「微生物體」。

的生命及生存變得困難——很有可能，就像是對自己最重要的合作夥伴胡作非為。

我們在許多方面阻斷了對體內微生物的養分供給，在許多情況下，甚至是直接攻擊體內微生物。在過去短短幾個世代，我們已經大幅偏離人類及人類出現以前的主要歷史演化路徑。

在這個時代，我們已經對體內微生物體發動戰爭。例如，使用廣效型抗生素[4]，連室內抽水馬桶都能在過去短短幾個世代中擾亂我們體內的古老微生物相[5]。這種迅速且有效的攻擊——在人類二十萬年歷史中的區區幾十年內，相當於人類巔峰日中的短短幾秒鐘，就造成災難性的滅絕事件，而我們才剛開始明白這項改變對健康的深遠影響。

不過，我們體內的微生物相還面臨另一種強大而沉默的力量，也是近幾個世代大幅轉變的一項因子，而且這項因子幾乎完全可由我們掌控，就是飲食。

飲食的確是影響我們體內微生物體最有效的方式之一。我們每天都會進食，而且一天進食好幾次。重點在於，人類的飲食內容從未像如今一般變化迅速。我們的曾祖母連一滴高果糖玉米糖漿都沒嚐過，更別提以蔗糖素增加甜味的汽水。幾個世代以前並沒有安全的罐頭製造技術來保存食品，人類在地球的歷史中，有九十九%以上的時間都以狩獵採集必需品為生。從演化的角度來看，就連最古老的食品創新，亦即農業的問世，也彷彿是在轉瞬間發生。

如今我們明白了自己所吃的每樣東西，從益生菌優格、一份蘆筍到一塊肥滋滋的豬排，幾乎都會對我們體內的微生物體產生作用，進而對我們產生影響，而且影響十分迅速。一餐吃下的食物可能在二十四小時內便改變體內微生物體的組成。不僅如此，如今我們也更明白，這些微生物對飲食與健康的關係，不論是好是壞，都具有舉足輕重的影響力。

自伽利略的時代起，人類始終以緩慢速度跳脫以人爲主的宇宙觀並拓展心智。而微生物體再度給我們當頭棒喝，讓我們知道人類既非宇宙的主宰，甚至也非自己身體的主宰。

在人類史上，我們大多時候都在不知不覺的情況下爲微生物提供食宿。而微生物則保護我們不受病原體入侵，並提供額外的熱量及維生素，給我們妥善調整過的免疫系統，甚至有調節情緒的功用。人類基因、環境和飲食改變的過程很緩慢，因此我們體內的微生物能夠適應這些變化，而我們也能夠適應牠們。

4 廣效型抗生素：broad-spectrum antibiotic，廣效型可以針對多重性感染，治療範圍很廣，但由於毒性較強，副作用及停留在身體的時間也較長，大部分都做為第二線藥物，主要用於嚴重或慢性感染的症狀，大約在兩個半世代之前才開始普及。

5 如今，抗生素若使用得當（也就是說，不用於治療病毒感染或讓牛隻牲口長胖），的確是現代醫學奇蹟，讓我們得以擺脫許多古代常見的致死疾病。由於基本生活方式的諸多改變大幅改善了公共衛生，許多人，包括我在內，都很高興有了室內馬桶；體內不再有四呎長的條蟲寄生，也能在室內一面吹著暖氣一面欣賞雪景；但近來我們的做法似乎走向極端。

我們雙方都可以從中受惠，畢竟這種關係就像一條生存的雙向道。許多微生物菌種或菌株已經在人類腸道內生存極久（長達數千年，從我們最早的祖先甚至更早之前開始代代相傳），人類腸道已經成爲牠們唯一能存活的環境。換句話說，你體內的微生物倚賴你爲生的程度，與你仰賴這些微生物的程度相當，甚至有過之而無不及。正如一群研究人員在《自然》（*Natural*）期刊中提到：「每個人體內的個人化微生物相，都會因個人的健康狀態而承擔一定的風險。」如果我們不在了，牠們也不會存在，不論就個體或整體而言都是如此。沒有人希望自己流離失所，甚至是更糟的——永遠消失。

所以我們該怎麼做？我們永遠不可能讓自己回到過去適合微生物生存的理想狀態[6]，但這並不表示我們可以無視數千個世代的人類的飲食實驗結果。畢竟，人類的身體和基因，至今仍期望著數百年甚至數千年前祖先的生活與飲食。我們可以在不擾亂現代生活、不必回到前工業時代的生活下，開始稍微留意一下飲食的影響力。

市場貨架上的泡菜、康普茶[7]和克菲爾發酵乳[8]等商品不斷增加，迫使我們進一步了解這些食品以及它們在傳統飲食中的角色。我們如今見到的許多市售發酵食品，不論在營養或微生物方面，都類似過去祖先製造及攝取的傳統食物。在我們三餐持續精緻化之際，我們應該檢視原型高纖食品在許多傳統料理中的重要角色。

此外，這些食物並非單獨發展出來的，正如人類對自我的了解，沒有任何一種食物是座孤島。每種食物都是完整多元飲食的一部分，可以充分提供維生素、蛋白質和纖維。從當地的脈絡背景來了解這些食物，包括製作過程、搭配的食材以及人們如何將這些食物融入日常生活，可以讓我們更深入了解這些食物在各個文化的用途。

舉例而言，如果只是在標準的美式飲食[9]中增加一瓶康普茶，絕不可能讓自己的身心狀態變得與健康的佛教僧侶一般。有人一開始就認爲這種事還是有一丁點成功的可能，才會抱持著傳統的節食方針（如果你曾經看著一整排的節食書籍覺得迷惘，你會發現自己並不孤單）。

本書並非提供新的減重或神奇健康療法的捷徑，一方面是因爲我並不相信眞的有這種捷徑，另一方面也因爲腸道微生物體的研究仍在初期階段。本書略爲探討我們人類滋養自我與體內微生物的無數種方式，也發現我們必須持續將這些食物納入飲食中。

本書的目的在於鼓吹大家嘗試新東西，並**學習喜愛賣相不佳、口感不好的食物**。這是一趟

6 當然不是只有單一一個古微生物相，甚至從第一批人類出現時就是如此。這或許是個難以理解的觀念，因為這些人類的祖先體內也有微生物相，而祖先的祖先體內也有，可以一直追溯至某些最早期的多細胞生物。

7 譯註：kombucha，康普茶又名紅茶菌、茶菇，因普遍在加糖的紅茶中培養而得名。

8 譯註：kefir，克菲爾發酵乳又稱為牛奶酒，是一種發源於高加索的發酵牛奶飲料。

9 美式飲食：Standard American Diet，學術圈簡稱為SAD，也有悲傷之意。

發現之旅，讓我們重新找回逐漸消失的特殊風味組合，以及式微的「手工食品」[10]傳統。

這些食物具有偶爾讓人覺得不可思議的民俗智慧以及風味，即使是最先進的工業製程也難以比擬。

爲了找到最適合微生物的生活以及對微生物最有利的食物，我前往這些食物的發源地，這些地方正好也以居民驚人的長壽及健壯而聞名。這趟旅程包括做研究及蒐集料理，從希臘海濱到首爾繁忙的街道，從瑞士阿爾卑斯山區的農村穀倉，到東京一絲不苟的料理，以便進一步了解食物如何讓體內的微生物對我們產生助益。在這個過程中，我也找到許多美味的佳餚，同時可能培養出更健康、更多元的微生物體。

因此，爲了讓體內的微生物和自己更好，讓我們一同探究人類數千年的創造力及文化的結晶。讓我們找出滋養長壽一族及其體內微生物相的傳統，這些傳統不僅讓兩者存活，還能保持健康，甚至活得快樂一點。

讓我們找出更好的方法，用發酵文化來滋養自己吧！

---

10 手工食品：這個說法或許極為正確，因為有些食物必須靠人類雙手上的細菌才能產生特定的效果。

# Chapter 1

# 你不知道的體內微生物

腸道微生物能幫忙訓練免疫系統，
不斷與神經系統對話，並維繫腸道內脆弱的平衡。

Microbes: In Our Guts and Under Fire

想培養更好的微生物體，第一步是更了解我們體內的微生物究竟是什麼，以及如何在生活中不知不覺地塑造這些生物。首先來仔細探究這些與我們共存的微生物如何在我們的體內落腳，以及我們的生活方式對牠們的影響。

我們體內的微生物大多集中在腸道[1]，有些微生物會定居在這裡，有些則只是路過。人類直到近期才發現腸道內有微生物存在，可能還要花更久的時間才能接受這些微生物對我們的身心健康具有深遠的影響。

要開始了解微生物與健康的關係，首先將微生物分爲兩大類人體微生物：一種是永久生活在人體腸道內，另一種則不是。這種二分法很簡單，雖然對微生物而言不完全正確，但這往往是我們談論腸道微生物相時忽略的主要差異，尤其又因爲與食物相關。我們也經常搞不清楚，究竟了解體內這些重要的居民後，這些新資訊到底有什麼用處。

隨著發酵活益生菌食品逐漸流行，也就是包含已證實有益健康的菌株或眞菌的食品，這項差異通常不是被誇大就是被完全忽略。我們將注意力放在最新研發的康普茶新口味、最棒的羽衣甘藍泡菜，或是最道地的山羊奶克菲爾發酵乳。誰能怪我們呢？這些是有趣、活生生的發酵食品。但益生菌食品的微生物其實並不會住在我們的腸道內，牠們可能對健康產生重要效益，但一般而言，牠們並不能補充匱乏的微生物體。如果只側重於這類微生物，我們就會疏於照顧長住在體內的微生物。**事實上，我們體內的原生微生物需要的其實是纖維，而且是複雜、原始、如今很少見的纖維**，這些餵養微生物的益菌生[2]，能爲腸道內的永久居民提供賴以爲生的食物。

## 原生微生物是最佳盟友

日復一日長期住在我們腸道內的微生物並非來自優格或泡菜，而是我們的原生微生物。這些微生物在我們出生時進入我們體內，陪我們度過嬰兒期及幼兒期，還有少數微生物是在我們往日的生活中從各處進入體內。

這些腸道微生物對我們的健康及生存都至關重要，能幫忙訓練我們的免疫系統，也不斷與我們的神經系統對話，幫忙維繫腸道內脆弱的平衡。「這些微生物會根據環境演化」，史丹佛大學微生物學及免疫學家賈斯汀・桑內堡（Justin Sonnenburg）說。或許我們也根據微生物而演化。他表示：「我們並不是隨機從各處取得微生物，而是會將微生物互傳給對方，甚至會代

1 結腸才是腸道微生物的熱門聚集地，這點我倒是初次聽聞。或許是因為了追求市場性、募資及吸引一般大眾，試驗的研究人員才強調「腸道微生物體」而非「結腸微生物群」。

2 譯註：Prebiotics，促進益生菌（Probiotics）生長的特殊營養素。

代相傳。」經過數千年的適應與演化，這些渺小的腸道微生物成爲我們的最佳盟友。

這些肉眼看不見的朋友究竟是何方神聖？**腸道內的微生物通常主要來自擬桿菌門及厚壁菌門**[3]**，兩者合計大約占體內微生物的八十%**（不過，至少有十種不同門的微生物出現）。厚壁菌門包含最常見的**乳桿菌屬**（*Lactobacillus*）[4]。擬桿菌門則包含**擬桿菌屬**（*Bacteroides*）、**普雷沃氏菌屬**（*Prevotella*）與其他屬。另一個常見的門，尤其是在出生不久後出現，就是**放線菌門**（*Actinobacteria*），**雙歧桿菌屬**就屬於這個門（正好是母乳中常見的菌種，是原始益生菌）[5]。這些微生物群並非人類腸道所特有，但其中有些菌種**只能**生活於人體腸道內，我們的腸道就是牠們的地球。

這些族群在腸道內十分活躍。微生物的生命大多十分短暫，因此每天早上起床時，體內的微生物可能已經是全新的一代。有些微生物，像是**乳桿菌屬**的成員，整個生命週期只有短短的二十五分鐘。其他微生物從生到死的時間甚至更短暫。因此，在你昨晚做著炸熱狗的美夢時，你腸道內的乳桿菌族群和你睡著時的族群可能已經隔了二十代，相當於你和公元一千五百年間[6]的祖先兩者的時間差距。在這些微生物的世代間可能發生許多改變，尤其是如果環境變遷，例如酸性提高（偏酸性一點）、接觸新食物、缺乏該類微生物偏好的纖維，或是遇上抗生素原子彈。

## 大多數微生物只能路過，不能久留

一般而言，腸道對微生物而言並非友善的地方。我們的消化道原本就被設計成不友善的環境，酸性的胃部有助於將食物分解以便於消化，也會消除我們每天遇到的許多外來生物的殺傷力，包括病毒及細菌等。此外，腸道理想上是個擁擠的微生物大都會區，多數的外來生物都無法融入。正如發酵大師山鐸・卡茲（Sandor Katz）所言，腸道「是一個競爭的環境，腸道內的細菌不會主動過來說：『喔，耶！來吧！歡迎啊，鄰居！』」那裡是個微生物吃微生物的世界，但這種情況對我們有利。只有極少數的微生物（不論有害或無害）能耐得住消化的過程，並在我們體內繁殖。

不過，還是有些微生物能在這趟艱辛的旅程中存活下來，其中有少數微生物可能致病，像

3 在此簡單複習一下生物分類，門的級別僅次於界。我們人類屬於動物界、脊索動物門，和其他各種有脊椎的動物一樣（袋鼠、烏龜、鰻魚等）。動物界中與我們相隔一個門的則是棘皮動物門（包括海星和海參）；關係更遠的甚至還有同屬於動物界的多孔動物門（海綿）。雖然我們常以為多數細菌都是極為相似的微生物團，但如果從生物分類的角度來看，牠們其實大不相同。

4 你可能會在優格或益生菌補充食品的標籤上看到這個名稱。

5 科學家還無法完全了解這些微生物「如何」進入母乳內；腸道離乳腺的距離十分遙遠。但這些額外的細菌進入母乳內，似乎是為了讓寶寶的腸道日後能夠消化更複雜的固體食物。

6 當時用來保存食物的方法只有乾燥、醃製或發酵。

是某些**大腸桿菌菌株**。大多數的微生物表面上可能無害，而少部分微生物其實有益。

然而，不論是好是壞或無害，這些微生物都不會眞正停留在我們的腸道裡。

我雖然不想戳破讀者高漲的美夢，但不論是一湯匙或一整箱的優格，其實都無法重建你的原生腸道菌叢，讓你回到古代最佳的腸道健康狀態。不論你相信何種行銷話術，或是食品中含有多少有效的活菌或菌株都一樣。這些微生物十分樂意生活在充滿乳糖的液態優格世界裡。驚人的是，牠們能在充滿胃酸的消化過程中不屈不撓，但同樣不適合在人類腸道內久居。

爲什麼不適合？我們試著透過飲食補充益菌時，是否選錯了菌種？即便我們擁有各種精密的篩選技術，我們選擇益生菌時的想法是否太過狹隘？是否因爲我們繁忙的原生微生物排擠了可能有益的微生物？只要再多運用一點科學技術，就可以重新調整機能性食品以便包含可在腸道永久生存的微生物，對吧？

有一群科學家進行了一項高明的實驗，以便找出益生菌無法在腸道內久居的原因。他們使用所謂的無菌鼠（也就是在完全消毒的環境中長大的老鼠，體內及體外均無微生物）做實驗，因爲牠們體內沒有原生微生物可與新來的微生物競爭。接著科學家從溫暖、酸性、充滿微生物的沼澤採集土壤，因爲他們發現這個地方類似老鼠的腸道環境，因此是培養能在這些老鼠腸道生存及繁衍的微生物的理想養殖場。然而經過多次嘗試，藉由餵食老鼠含有候選微生物的濃湯，將微生物導入老鼠的空腸道內，都沒有微生物能長期存活。即使有這麼多潛在居民和遼闊的腸道空間，還是沒有找到任何能永久居留的微生物。所有的微生物都能適應沼澤，在其中生活並繁衍，卻無法在環境條件相似的老鼠腸道內存活。

我們的許多益生菌，無論來自優格或膠囊，都有點像是沼澤微生物。牠們可以在這個環境內存活，卻無法久居，大多只是路過。舉例而言，科學家發現在攝取益生菌一至三週後，已經很難找到這些外來菌種的蹤跡。如果你期望上個月吃的優格能在未來數年充實體內的微生物體，這可能是壞消息[7]。但正如科學家指出，這些主要透過食物補充的微生物無法在我們的腸道內久居未必是件壞事，或許我們並**不希望**牠們久居。畢竟，演化花了很長一段時間才訂出我們腸道的訪客名單，以便打造出最恰當的組成分子。就干擾生態系統而言，我們人類不一定總是能做對。

不過，我們也不能因爲這些微生物只是過客，就將牠們一概抹殺。事實上，牠們才是眞正值得關注的對象。這些膳食微生物大多隨著三餐通過整個腸道系統，其他微生物則可能在小腸或大腸停留一會兒。不過，牠們在腸道內還是會產生一些**作用**。一隻螞蟻經過野餐餐點，你可

7 不過，對益生菌產品業者而言則是好消息。

能不會覺得有多大影響，但如果有一整窩螞蟻每天經過，你可能會預期看到某些改變。微生物會吃東西、代謝和排泄——重點不只是牠們何時在何處永久定居。因此，微生物在你的腸道內攝取或產生的化合物，都可能改變牠周遭的環境，甚至可能改變宿主[8]。研究人員甚至開始懷疑，單是微生物的實質存在（多虧了微生物表面的蛋白質）可能就足以對我們的免疫系統產生影響。

既然微生物對我們的健康如此重要，這些年來我們做了什麼來幫助這些微生物？針對全球傳統飲食進行的一項非正式調查顯示，長期下來，人類族群或是文化[9]，已經逐漸調適飲食以便滋養及保護自己，同時也滋養及保護體內的微生物相。紐約名廚張錫鎬（David Chang），也是桃福（Momofuku）餐廳的創辦人，在談到利用微生物製作食物時，用了**既有**、**原生**甚至是**管理**等字詞。這些字詞也可能來自從植物到人類學文獻的討論。我們忽略了這些詞彙也可以用來描述微生物的地景及文化。事實上，我們在本書中會看到，微生物的地景與文化其實與我們自己的地方和人類文化有很深的淵源。

數千年來，我們的飲食一直以傳統與文化爲依據，但科學開始從中作梗，到了十九世紀，路易・巴斯德（Louis Pasteur）推廣了細菌理論的概念，宣稱微生物（而非沼氣[10]）會散播疾病。自此之後，我們便勤快地消除食物及環境中的微生物[11]。即便食物中的益生菌可能不如我們先前以爲的強健，但牠們在我們飲食中的存在依舊十分重要，前提是我們必須頻繁攝取。

## 微生物若挨餓，就會出問題

就在我們瘋狂高溫殺菌之際，我們也擴大工業食品機器的其他用途，去除食物中的纖維，同時推出大量的單一碳水化合物食品，這兩個雙重打擊導致我們體內的微生物居民開始缺乏牠們偏好的食物。

人類毫不關心體內這些有益的微生物，拋棄了經過數千年演進的傳統飲食，開始推崇切片麵包，更近期可能是營養強化點心棒。我們拋棄了祖傳料理講究的色香味平衡，拋開了數千年

8 也就是你。

9 Culture（文化）當然可以指一群擁有共同傳統及習俗的人（至少是以食物為主的習俗），也可以指刻意培養的微生物體。事實上，這個英文單字源自於拉丁文cultura，在歷史上大多時候都是指培養，也就是農業栽培的意思，直到十九世紀才將意義擴大至描述人群。因此或許是時候讓我們複習一下這個詞較早期的涵義了。

10 也就是不好的空氣。

11 我很高興我們不必再擔心牛奶裡有傷寒桿菌，或是水源裡有霍亂弧菌。但我們的滅菌狂熱似乎有點過頭，連食物中有益而無害的微生物也不放過。

緩慢的飲食習慣演變，投向另一種飲食文化，只為了滿足我們各種一時興起的念頭。科學則是我們的同謀，用前所未有的速度精煉與調製食材以滿足渴望。如果將我們的「食品」選項與短短幾世代以前（更別提千年以前）相比，你或許就能明白體內環境失常的原因。

幾百年前才機械化的高效研磨技術，讓我們能輕易分離出穀物中較粗糙的部分，減少麵包、米飯等一般食品中的纖維含量。在這種技術問世前，人類的飲食大多包含大量纖維與其他不易消化的複合式碳水化合物。許多植物都富含這類化合物，包括穀類以及種子、豆類、水果和蔬菜，而這些化合物也餵養了生活在腸道內的無數益菌。

在多數微生物棲息的世界裡，主要的流通貨幣就是人體準備丟棄的食物。牠們的家園是三餐在排出體外前停留的最後一站。知道大腸的內容物後，你也許會很訝異這個重要器官的腸壁居然只有單層人類細胞這麼厚。這層薄薄的屏障是腸道吸收養分與水分的關鍵，對於嚴密的免疫監控也極為重要。但這層屏障（將體內其他器官與一根充滿原型糞便與微生物的管子隔開）的完整性顯然也十分重要。因此人體也在腸道內壁演化出一層保護黏液層，以便在結腸內容物與血流之間多增加一點距離。這層黏液還具有另一項作用：為腸道內的微生物居民提供額外的食物。這層黏液包含複合式碳水化合物，可以在缺乏膳食纖維時成爲腸道微生物的食物。身體會定期補充這層重要的黏液，以維持保護力並確保微生物糧食無虞。但**如果體內微生物群無法從我們的飲食中獲得牠們喜愛的食物，牠們會開始狼吞虎嚥大嚼這層黏液層，而且消耗的速度往往超過人體生產足夠黏液保護腸壁的能力**。

這就是情況開始急轉直下的肇因。我們的腸壁細胞知道自己不應該接觸這些微生物，因此在黏液層遭到破壞、微生物大舉入侵腸道壁時，免疫系統就會發出警報。如果細胞間的連結遭到破壞，腸壁結構失去完整性，腸壁就會變成較易穿透的屏障，導致大腸內容物外溢到身體其他部位。這對免疫系統而言情況就眞的不妙了（因爲不應該如此）。四處飄移的細菌與食物微粒不應進入血流內，因此免疫系統會開始發揮作用，啓動細胞的攻擊機制對付入侵者。這會導致全身性發炎，與關節炎、糖尿病、心臟疾病、癌症和許多愈來愈常見的疾病都有關聯。有些醫師甚至懷疑這種病症，也就是聽來嚇人的腸漏症，可能是食物過敏發生率提高的原因之一[12]。

12 原理就是食物中的蛋白質，無論是來自花生、小麥或雞蛋，從被破壞的腸壁外漏（如果微生物食物充足，這種情況通常不會發生），免疫系統將這些蛋白質列為威脅，以後只要一遇到這些物質便會高度警戒。

## 控制腐敗程度，也能保存食物

古代糧倉顯示人類最早在至少一萬一千年前，甚至在農業問世以前，就已經開始大量儲存野生大麥等食物。但並不是所有糧食都像乾穀物一樣好保存，有些食物如肉類等可以醃製保存，但必須使用大量鹽巴，也不一定適用於其他食材。

保存食物的另一種方法，其實是讓食物開始腐敗，關鍵在於透過溫度、鹽分、空氣接觸等條件控制腐敗的程度，有時甚至會刻意加入某種細菌或眞菌。於是就像人類學會控制火、水、植物和動物，全球各地的人類也學會控制我們肉眼看不見的東西，也就是微生物。

這種腐敗法的用途很廣。突然間，只要用對微生物製程，早上擠的山羊奶就可以保存到下週，秋季產的包心菜也能保存到冬季，而現捕的漁獲也可能保存至隔年。這一切都要歸功於微生物的作用，就是我們如今所知的發酵，也就是將糖分轉化爲酸性物質、酒精，有時甚至是鹼性化合物的過程[13]。有益微生物創造出的不利環境可以阻止有害微生物入侵，甚至可以增添食物的營養價值。

只要一個隨機的基因突變，就可能使經過微調的演化改變向外擴大，在飲食創新方面，運用想像力讓行動符合現狀甚至加速改革，其實並非壞事。如果某群人發現一種食物來源或製程能讓他們更健康強壯，根據達爾文的理論[14]，這種新的烹調文化元素一定會傳開。食品策略的效益在於通常只需要原料和指導就能創造出新的優勢，而且很快就成爲當地人們運用的新工具。首先是烹飪，接著是耕種，很快地，**培養發酵**技術問世了，產生各種發酵食品[15]。

經過數千年的試驗，不會讓人生病的食物流傳下來。經過無數季節和世代的微調，這些食物成爲保存期更長的糧食供給來源，也在季節更迭之際成爲更穩定可靠的熱量來源並提供重要的營養素。

除了基本的營養以外，這些發酵食品也能定期提供一定數量的多種微生物。如今許多科學家都認爲，人體其實會預期時常攝取微生物——這些微生物的作用與我們體內的原生微生物相似，可以提升原生微生物的功能，同時帶來暫時性的效益。

不過，如今我們夾在滿足衝動慾望（甜食、鹹食及高熱量食物）與遵從最新保健原則（選擇無糖、低脂、低熱量食物）的衝突之中。但在這些選項中，我們不知不覺忽略了與我們（以

13 過程中通常會產生氣體這種副產品，也就是ferment這個英文單字的拉丁文字源fervere「冒泡、翻騰」的意思。

14 這個解釋的確已用於說明乳牛產業的擴張，與某些族群在成年後仍具有優異的乳品消化能力有關。

15 我們用培養與發酵兩個詞來泛指微生物轉變食物的過程。培養也可以指特定微生物群在媒介物中生長，就像酵種培養菌，可用於製作乳酪或酸麵包等。

及**在我們體內**）一起演化且讓我們保持健康的數兆微生物體。

我們不僅選錯了食物，也選錯了生活方式。

## 消毒過度並非好事

就像我們的飲食內容與祖先幾乎完全不同，我們的生活方式也變得完全不自然——以及過於乾淨。不是只有人類與動物身上帶有微生物，環境中也有微生物。土壤中有微生物，海水中有，就連家裡甚至咖啡機裡都有微生物存在。在人類演化的過程中，我們大多時候接觸到的外在微生物相都來自熟悉的自然界，也就是人類起源地。即使是人類史上建造的多數住所地上都是泥土，沒有氣密窗、**HEPA**濾網吸塵器，當然也沒有抗菌清潔用品，生活中處處充滿了廣大的自然界微生物相。但是，這一切都在過去兩百年間改變了，而且帶來顯著影響。

我們很早以前就知道，農場長大的孩子——時常接觸土壤、動物和都市人可能認爲骯髒的各種物質——較不容易出現可能引發過敏與氣喘的免疫系統過度反應。但在一個半世紀以前細菌理論問世後，我們開始愈來愈注重清潔。這點在初期帶來各種效益，舉例而言，倫敦居民不再因公共水源而感染霍亂，手術病患現在也可以放心地相信，自己不會因爲未消毒的手術刀而出現壞疽，多數人也不會再感染嚴重影響健康的幾內亞線蟲。但我們過度追求正面效益，在化學、微生物學和行銷的推波助瀾下，我們越過了報酬遞減點[16]。我們現在可能**太乾淨**了，我們的身體開始期望那些曾經讓免疫系統保持平衡的許多環境微生物。這個觀點獲得愈來愈多科學界人士接納，形成了「**老朋友**」假說——如今人類其實會想念那些以前曾經花費許多心力消滅的重要生物。

我們的清潔能力也有極限。即使我們試著消除居家及建築內的所有微生物，環境微生物仍會回來復仇。舉例而言，研究顯示有封閉式空調系統的醫院，病原菌傳播率反而高於對室外開窗的病房[17]。

不同於我們的祖先面對的荒野，我們如今居住的多數環境已經不太有微生物。**人類**往往才是生活空間中最大的微生物來源，例如，科學家發現我們入住乾淨的飯店房間後，只要幾小時就能將自己身上特有的細菌組合轉移到房間裡。正如羅格斯大學（Rutgers University）微生物相研究員瑪麗亞・葛羅莉亞・多明格斯・貝羅（Maria Gloria Dominguez-Bello）所說，在叢林裡，微生物從地面轉移到我們身上，但在建築物內，則是我們將微生物轉移到地面。微生物方

**16** 譯註：過了這個點之後，投入愈多反而報酬愈少。

**17** 這可能是佛羅倫絲・南丁格爾（Florence Nightingale）在一八五〇年代堅持的觀念，當時她建議患者在室內最好開窗。

程式被翻轉了，更糟糕的是，我們還是貧乏的傳播者。

過去，寶寶誕生在這個世上並沒有經過肥皂和抗菌液沖洗消毒，而是通過產道後便進入另一位（沒有刷手消毒的）人類懷裡，這個寶寶並沒有經過肥皀洗淨或馬上送進塑膠搖籃裡哄睡。但進入巴斯德（Pasteurian）時代後的結果，就是我們一出生就過著微生物匱乏的生活。當然，一定程度的清潔可以避免母嬰感染，進而挽救他們的性命。但就像二十一世紀生活的許多面向，這些做法也可能干擾了長時間建立起來的微生物平衡。

生命最初的那一刻，對於塑造微生物體的初期發展方向具有重大影響。通過產道出生的自然產嬰兒，最初遇見的微生物就是母親陰道的微生物相，而這個微生物相會在懷孕期間逐漸改變，為這個非常時刻做好準備。這批最初的微生物殖民者，通常包含了一些經由正常排泄物接觸而來的母親腸道微生物。這種出生方式，將遠古時代人類第一次細菌澡所接收到的微生物，以相同組成轉移到新生兒的皮膚與口腔內（因此也進入消化道）。這種特殊的微生物雞尾酒提供了豐富多元而且經過仔細微調的機能補充物，可以在寶寶出生後的最初幾週、幾個月及往後人生中的數年，為消化、免疫等系統提供支援。

不過，經由剖腹手術出生的寶寶，一開始遇到的是醫療人員及家長的皮膚微生物，以及來自周遭院內環境的微生物，而非產道或腸道微生物。這些孩子體內會有完全不同的元老微生物夥伴。而這種生產方式已經愈來愈常見，就在四十五年前，全美只有五%的嬰兒以剖腹產方式出生；不到二十年，這個數字已經躍升至接近四分之一。在部分拉丁美洲國家，剖腹產的比例甚至攀升至近五十%，其中有些手術的確有醫療上的必要性，但許多並不是。

出生時得到的微生物會與我們共存幾個月，甚至好幾年。多明格斯．貝羅表示，她只要分析一個月大寶寶尿布樣本中的微生物，就能判斷這個寶寶以何種方式出生。她說，即使寶寶已經**一歲**大了，只要用棉花棒在寶寶皮膚上取樣，就能判斷寶寶的出生方式。

即使是自然產的寶寶，如今繼承的微生物也與過去不同。研究發現，現在的母親也有微生物匱乏的情況，因此傳給孩子的微生物相也較不強健。

## 抗生素也會一併消滅無害的微生物

而我們繼承至今的微生物也面臨重大威脅。現在的美國人每年使用大約兩億五千八百萬次抗生素治療，以三億一千八百萬的人口估算，相當於每一百人每年就使用了大約八十次抗生素處方藥，而且大多數的處方都是使用廣效型抗生素，會無差別地對付許多類型的細菌。在醫師不清楚（或懶得確認）攻擊身體的菌種時，這種療法的確有幫助，可以用藥物火焰彈將所有細菌一掃而空。但這些藥物造成的傷害不僅止於有害微生物，也會對無害的旁觀者造成傷亡，而且這些旁觀微生物大多已針對我們的腸道高度演化，一旦喪失便很難找到替代微生物。

當然，許多抗生素治療有其必要，但也有許多治療並不是。在瑞典，每年每一百人的抗生素處方率接近三十八次，而微生物群似乎沒有受到不良影響（事實上，有些人可能會認爲微生物群因此變得更好）。凡是病毒感染造成的病痛，也就是感冒與流感盛行季節最常見的就醫原因，以抗生素治療一點用也沒有。抗生素的功用是摧毀細菌細胞，終止細菌的修復機制或細菌特有的生長方式。用抗生素治療病毒感染，就像期望以氪星石[18]來對付《綠野仙蹤》裡的飛猴。如果是病毒感染，抗生素治療反而會使身體更容易受到感染。但是患者迫不及待想改善病情，往往會要求接受某種治療而不願等身體自行痊癒，而治療通常指的就是抗生素[19]。（這類感染有些可用抗病毒藥物治療，但常見病毒感染的最佳療法通常還是多喝水與多休息——在現在這個步調快速、講求治療的文化中，這個選項通常不受歡迎。）

值得注意的是，美國國內的處方率並不一致，各州的處方率差異極大，南部的處方率（接近每年每人使用一次抗生素處方）遠高於西部（接近每年每十人使用六次抗生素處方）。說來奇怪，地理上的肥胖盛行率也與這個模式相似。當然，這種相關性遠非因果關係，不過數十年來農民的確一直給牲口服用低劑量抗生素讓牲口加速長胖，直到如今我們才開始懷疑這對我們可能也有類似的作用。

我們知道這些藥物可能大肆破壞成年人腸道內的微生物相，但對於才剛開始建立體內微生物相的兒童影響又是如何，況且體內微生物相對兒童的免疫與神經系統發展可能也具有深遠的影響。這是一個重要的問題，因爲兒童正在接受大量的抗生素。

美國兒童在滿十八歲以前平均接受二十次抗生素治療，其中大多數都是在滿兩歲前施用，每千名嬰兒約開立一千三百次抗生素處方，更別提許多嬰兒與母親在生產時所接受的常規劑量。有些兒童體內的微生物會恢復，但一項研究發現其他兒童接受一次抗生素治療**四年後**，腸道菌依舊不正常。不過，因上呼吸道感染而就醫的兒童，大約有七十%看完診後會拿到抗生素處方。儘管如此，這類感染卻有超過八十%是由病毒而非細菌引起。這些數字對腸道微生物體或健康相關方面似乎都不太好。

研究人員發現，兒童如果在滿六個月前使用過抗生素，或在嬰兒時期多次接受抗生素治療，兩歲時（以身高爲依據）的體重會較重。被抗生素改變的腸道微生物也可能影響兒童的過敏風險與行爲。科學家發現母親在孩子出生前，甚至在懷孕前使用抗生素，也可能對孩子產生

---

**18** 譯註：來自超人故鄉星球的虛構礦物，會抑制超人的力量。

**19** 其實這些藥物較恰當的名稱應該是「抗菌素」。不過抗生素（意指「反抗生物」）的名稱可能更適合且適用範圍更廣。

影響，原因在於母體內的微生物改變，也會因此改變孩子繼承的微生物。

在我們幾乎想像不到的日常生活面向，也可能改變體內的微生物。凡是改變腸道環境的因素，都會逼走某些種類的微生物，也同時鼓勵其他種類的微生物生長。例如，質子幫浦抑制劑與其他制酸劑也許能暫時緩解火燒心及胃酸逆流，但降低消化道的酸度，也會降低消化道對抗入侵者的防禦力及消化道微生物的適居性。其實，**許多腸道細菌之所以有益，原因之一就在於牠們能產生酸性物質，藉此降低周遭環境的酸鹼值，讓許多潛在病原體更難生存**。研究顯示酸性中和劑藥物的確會降低腸道微生物的多元性，並提高肺炎等疾病的感染風險，也與缺乏維生素與礦物質有關（酸性有助於分解食物，能分離出食物中的重要化合物以便吸收）。

生活的其他相關因素，像是使用嬰兒配方奶粉、長期壓力累積[20]、抽菸[21]和缺乏運動，也都會改變微生物體。

## 微生物多樣性是健康指標

與健康問題相關的一項微生物體重大改變，就是缺乏多樣性。

在任何生態系統內，多樣性都是健康與活力的指標。擁有多元生物的草原與森林，會比單純的單一作物[22]更能輕鬆抵禦入侵的野草並適應改變。**許多研究發現，採取傳統飲食方式及過**

**著傳統生活的人，腸道內的微生物種類會多得多**。例如，生活在大致遠離全球化社會的族群——從亞馬遜地區的叢林到坦尚尼亞的高地——腸道內的微生物種類至少比生活在較高所得地區的人多出三十%。一個名爲亞諾馬米族（Yanomami）的美洲原住民部族，腸道內的微生物相種類，比一般美國人或歐洲人的腸道微生物種類多出近六十%。事實上，如果將這些南美洲居民及非洲原住民的腸道微生物多樣性列在圖上，與「**健康**」的北美人腸道微生物多樣性做比較，兩個原住民族群的分布型態會較爲類似。在這個脈絡下，我們這些生活在所謂已開發社會的人，似乎是匱乏的離散值。

不過，即使在微生物種類較不豐富的腸道內，還是有顯著的多樣性差異。在富裕國家廣大的人口中，研究人員很驚訝地發現多樣性並未呈現典型的鐘形曲線，也就是多數人體內的微生物種類數量都在平均值，少數人的數值極低，而有少數人的數值則格外高。實際上的分布較像是馬鞍型，兩大陣營分立於兩端：也就是多樣性相對較低以及相對較高的兩組人（兩大群人的差異度達到驚人的四十%）。**多樣性較低的族群出現超重或肥胖的機率較高**。獨立研究也顯

---

20 或是短期壓力。一項研究發現，相較於學期初，大學生在考試當週腸道內的乳酸菌數量會減少。

21 吸菸也會降低微生物體的基因豐富度，而戒菸則能讓微生物多樣性恢復。

22 因此我們大量使用各種化學劑來維護大規模種植的單一作物；然而大自然絕對不會在數英畝的土地上散播同一種玉米植物。

示，有腸道炎症的人（例如潰瘍性大腸炎或克隆氏症），腸道微生物相的多樣性比健康的人低了約二十五%。**微生物多樣性低也與發炎相關**。慢性發炎造成的體內環境會挑選出某種讓身體進一步發炎的微生物群，造成一種惡性循環，導致許多疾病的風險提高，包括關節炎、失智症及特定類型的癌症。

在體重過重的人之中，微生物多樣性也可能是健康的潛在指標。以法國一小群肥胖病患爲例，研究人員發現在同樣過重的人之中，飲食習慣最健康的人（篩選標準爲糖分攝取量低，水果、優格及湯品的攝取量高），體內微生物相的種類多於體重相當但飲食習慣最不健康的肥胖受試者（也就是攝取大量糖分與少量水果或優格），研究人員也發現，**微生物基因數量較低的人（也就是多樣性低）較可能有促發炎微生物；而微生物基因數量較高的人則有不同且較多的抗發炎微生物種**，例如「**普氏棲糞桿菌**」（*Faecalibacterium prausnitzii*），可能幫助腸道及身體其他部位抵禦某些疾病）。研究團隊也發現，根據這些病患的低微生物基因數量來預測胰島素抗性（也就是糖尿病的前兆）發生率，會比根據體重推測更準確。進一步研究也發現，不論是哪一種肥胖患者（多樣性低或多樣性高），透過改善飲食協助他們減重，都有助於提升微生物多樣性。「這些研究結果支持傳聞中長期飲食習慣與腸道微生物相結構的關聯」，研究團隊寫到：「這也顯示透過飲食或許可以達到永久調整菌叢的效果」。這些研究顯示了：**對微生物相有益的飲食，也對長期健康極爲重要**。

## 體內菌叢會在一夜之間改變

所幸這一切都表示我們對體內的微生物群還具有相當程度的影響力，我們可以選擇生活方式及飲食，讓體內微生物體朝著更好、更健康、更多元的方向發展，而且這些改變不需要花上數週或數月就能產生影響。由於細菌的生命短暫，因此環境變化表示菌叢數量及功能會大幅改變，而且在一夕之間發生。

這種驚人的迅速改變已經被記錄在哈佛大學研究人員進行的一項精密控制的人體試驗。彼德．特恩博（Peter Turnbaugh）目前是加州大學舊金山分校的微生物學家，他和同事招募了十名受試者參加一項調查，研究飲食對微生物體的影響。他們先前已經發現，齧齒類動物的飲食改變後，老鼠體內的微生物相會出現明顯的變化[23]，是時候找願意連續五天吃同樣食物的人來做研究了。

特恩博和同事將受試者分爲兩組：一組的飲食內容完全是動物性產品（肉類、蛋類、乳酪

23 老鼠仍是微生物體研究最常用的動物模型，特別是現在還可以郵購無菌鼠。但這些老鼠也有問題，原因是老鼠（其實還有許多動物）有一種稱為食糞性的特殊癖好，也就是吃糞便的傾向。吃下自己或籠友的糞便也許能提供額外養分，但也會提供大量的腸道微生物，導致老鼠實驗結果迥異於人類實驗結果的機率升高，都是拜這些，呃，「強化」過的菌叢變化所賜，也因為人類本身絕不會採用這種補充方法。

等），另一組僅攝取高纖植物性食品（豆類、穀類、蔬菜、水果等）。接著兩組受試者經過一段等待期後交換飲食方式。這些受試者有各種不同的飲食習慣，包括一名終生吃全素的受試者，因此一開始體內微生物相完全不同。在試驗期間，研究人員還可以根據受試者體內的微生物體分辨每個人，但他們的菌叢型態與菌叢活性基因，會根據受試者所屬的飲食組別開始趨向一致。最後他們有了驚人的發現，就是人體內的微生物體，會隨著飲食改變而變好或變壞。因此我們在思考自己下一餐要吃什麼時，更應該留意自己體內的菌叢。

不過，在我們開始享用各式各樣餵養體內菌叢的食物之前，必須更了解這些，把我們的腸道當成家園並形塑我們健康的重要夥伴。

# Chapter 2

# 腸道內的奇妙世界

每個人身上隨時有大約四十兆個微生物寄生，
這些微生物比人體細胞還小，大多隱藏在大腸內。

What's in the Gut

我們多數人一輩子都以爲自己是個體，是單一人類。但是，不論我們知不知道，我們每個人身上都有數以百計的物種寄生，單是腸道內至少就有一、兩百種生物。而我們每個人身上隨時都有大約四十兆個微生物朋友寄生，大約是地球人口的六千倍。人體變成了十分熱鬧且擁擠的地方。

一般而言，這些微生物比人體細胞還小，加總起來大約也只有幾磅重，大多都隱藏在大腸內。雖然牠們的體型微小，生活卻十分忙碌。每個微生物大多時候都忙著製作細胞壁、分泌酵素，就像顯微版的理察．斯凱瑞[1]卡通。雖然單一個別微生物體型微小，合起來卻能產生奇蹟般的活動與潛能。

一般所說的微生物體，通常是腸道（主要是結腸）微生物的簡稱。但也有獨立的人體菌叢存在於皮膚、口腔、鼻腔及身體其他地方，每個區域都有獨特又迷人的生態系，而且每個生物群落的環境都極爲不同。就像我們不會預期在極度乾燥的阿他加馬沙漠和潮濕的亞馬遜雨林中找到相同的動植物，生活在我們肩膀上與腋下的微生物群也大相逕庭，連左右手上的微生物群都截然不同。我們的身體就像是瘋狂又多元的叢林和沙漠。

## 食物在消化道的旅程

了解微生物在腸道及健康上扮演的角色之前，先熟悉消化道的大致情況或許會有幫助，讓我們從餐點開始說起。

食物一旦離開了餐具，我們對它接下來的遭遇可能不太清楚，其實過程中每個環節都很驚人，也充滿了驚奇和變化，就像一本經典小說。從開始到結束，一口晚餐會通過大約三十呎（約九百一十四公分）長的路線，耗時數十個小時或更久。在食物通過的途中，腸道會持續透過神經、神經傳導物質、荷爾蒙及免疫系統與身體其他部位溝通。肌肉以熟練的專業技巧相互配合擠壓、攪動和放鬆以便食物移動。

雖然我們認爲自己的消化道位於身體深處（而且極爲私密），但那其實是某種對外在世界的開口。消化道是一條管子，每天都有外來物質通過（希望大多是可以吃的東西）。腸道像是第二層皮膚，具有高度吸收力，能讓我們汲取所需養分。爲了維持秩序與健康，免疫系統會隨時保持警戒，尋找可能有害的物質並加以殲滅，以免這些有害物質隨著你的晚餐在這趟五十多個小時的旅程中深入體內。

這一切都從一口開始，假設是一叉子的馬鈴薯沙拉好了。經過口腔咀嚼[2]和一點酵素發揮

1 譯註：理察・斯凱瑞（Richard Scarry）為美國兒童文學作家及插畫家。

作用，將食物的化學鍵切斷以分割成更小的分子後，我們將這口食物吞下，推入食道內。食物在食道的底部會遇到一道密閉的門，這道括約肌門會開啓讓食物通過進入酸性的胃部，並再度緊閉以避免灼熱的胃液燒傷食道脆弱的黏液；而在這個階段，食物已經成爲學術界所謂的團塊（bolus）。（若胃酸眞的進入食道內——有時可能與體內的微生物有關——就會造成令人不適的胃食道逆流。）

胃部的環境惡劣，酸鹼值大約爲二．五（相當於一袋滾燙翻騰的白醋）。這些胃液[3]——以及機械性的收縮——會透過化學方式破壞原本連繫食物的連結，讓剩下的多數食物塊在胃部分解。大約三至五小時，原本的野餐小菜（如今已是糜狀物）離開翻騰的胃部，進入小腸平緩的河流。小腸內有更多消化液進一步分解食物粒子，並將多數的養分吸收至體內。在擠壓通過這條長約二十多英尺的蜿蜒管子後，馬鈴薯沙拉經過消化和吸收，殘餘的部分便進入大腸。這團泥狀物在體內的最後幾小時會停留在這裡，等到水分被吸收後再排出體外。但大腸內的情況可不像我們過去認爲的那麼簡單。

這時就輪到微生物登場了。消化道從上到下都有微生物存在。胃部裡的微生物相對較少，密度也較低（過去以爲胃部酸度太高，生物無法生存，但如今已知仍有部分生物可生存於此處，像是時而有害、時而有益的**胃幽門螺旋桿菌**）。小腸內的微生物數量則多一點[4]，但正如我們已經知道的，多數微生物都生活在大腸內。

熱鬧的大腸是我們的身體——經由體內微生物——從三餐吸收殘餘有用物質的最後機會。人類在地球上生存的多數時間裡，由於食物充足度遠低於如今，因此這一點極爲重要。許多喜歡大腸環境的微生物能爲人類額外提供維生素K等必需維生素，並增進鈣質等礦物質的吸收。而根據個人體內的微生物組成，這些微生物也能從食物中多攝取高達十五%的熱量。相較於體內已移植正常微生物的老鼠，在實驗室中養大的無菌鼠雖然食量較大，體重增幅卻較小。然而一旦補充腸道菌叢後，這些老鼠便能輕易達到正常體重，同時食量也減少。如果你在野外覓食，這會是一大優勢，但如今我們可能會想請這些小傢伙滾蛋（想想你多吃的那些馬鈴薯沙拉！）。接下來我們會明白，去除這些微生物的下場可不會太好。

2 要將食物咀嚼成多大的分子視食物的種類而定。一項研究發現，人們會將紅蘿蔔咀嚼成一．九公釐的碎塊；艾曼塔乳酪則會咀嚼成二．四公釐大；橄欖是二．七公釐；德式酸黃瓜（gherkin）則是咀嚼成大約三公釐大小的碎塊。

3 胃部每天分泌大約二至三公升的胃液，是由鹽酸、黏液和酵素組成。

4 有更多科學家開始留意消化道這個難以研究的區域。動物實驗顯示，這個地方包含了截然不同的微生物群，而且這些微生物的作用也與大腸內的微生物大不相同。這裡的壞菌如果太多可能會引發嚴重的健康問題。而對於在競爭激烈的大腸內幾乎不見蹤影的許多益生菌而言，這個地方或許有機會讓牠們進一步發揮作用。

爲了進一步了解提供這些服務的微生物，科學家從末端著手，也就是從人體自然排出的物質中採集檢體[5]。然而，「雖然取得新鮮糞便檢體相對容易，但從中獲得的資訊並不能完全顯示腸道內的情況，」某個研究團隊在《腸道》（*Gut*）期刊中寫道。正如我們所知，小腸與大腸在人體扮演著截然不同的角色——前者主要的功用爲吸收養分，後者則是吸收水分。而「我們知道小腸包含的菌叢，無論是數量或成分都大不相同。」他們寫道。其他研究人員則用另一種方式建構他們的研究策略。

「我們研究的大多是糞便，」在加州大學戴維斯分校研究微生物的演化生物學家強納森·艾森（**Jonathan Eisen**）在某個晴朗的春日與我在當地公園聊天時說道。他留著鬍子，身穿他的招牌科學主題T恤（只可惜當天他穿的並不是那件著名的**「問我糞便移植的事」**T恤）。「糞便檢體好嗎？」他問。「是，當然很好。我們從中學到了許多。但這些檢體是消化系統內所有東西的混合物」，他說。他認爲試著透過糞便檢體徹底了解整個腸道微生物相，就像透過研究某條河流的流出物來了解整個澳洲大陸。當然，你可以收集和檢視隨著河水沖出的羽毛、貝殼、骨頭和化學化合物，但無法徹底了解這塊大陸眞正的情況——像是食火雞在傳播香蕉樹種子上扮演的重要角色，或是澳洲犬和巨蜥是否在爭奪相同棲地。因此不要仰賴「河流」沖積物，他說：「實際**進入**系統，在原生環境中將微生物分門別類會更好。」但要在人體內做這件事有難度。「很少人做過體內檢體採樣，我們對於整個生物地理學真的沒有清楚的概念。」

不過，科學家能在這些流出物中發現某些趨勢，他說。「如果你給一百個人吃相同成分的食物，一般而言，他們糞便中的微生物也會有相似的情況。」艾森說。但這句話的重點在「**一般**」這個詞。而我們知道每個人都不同，體內的微生物也不一樣。

## 認識你的體內微生物

這些旅伴究竟是誰？我們可能以爲這些在我們大腸內生活就很滿足的低等微生物是某種無害、雜亂的好朋友，但實則不然，我們會發現他們來自各種不同的演化族系。想到微生物，或許你腦中浮現的是色彩繽紛的顯微鏡影像，或只是肉眼看不見、令人發毛的生物的模糊印象。事實上，要了解這些生物的長相及作用，用「**微生物**」一詞來描述，作用大概就與用「**動物**」來描述差不多，事實上可能還更沒用。

我們在腸道內帶著**三域**的生命走動：包括細菌、眞核生物（多細胞生物）以及古菌（其他單細胞生物）[6]。病毒也會寄生在我們的腸道內（但由於它們只能靠著入侵其他生物細胞來繁

---

**5** 我保證等等要談的內容不會再這麼噁心。

**6** 直到二十世紀才與細菌分家，獨立成一個生物域。

殖，因此是否爲生物仍有爭議）。這些域又各自包含完全不同的界與門。因此單是在細菌分支內，可能就有本質上（甚至可能差異更大）及基因上迥異的生物，就像我們與苔蘚、博美犬、阿米巴原蟲截然不同。我們——包括人類、博美犬、阿米巴原蟲和苔蘚——都屬於眞核生物域，我們腸道內的眞核生物大多都是眞菌。從歷史的角度來看，我們也是許多大型多細胞夥伴的家園，像是寄生蟲等。[7]

不僅是自己體內的菌叢極爲多樣化，我們的微生物體整體來看也完全因人而異。雖然你和鄰居——以及住在地球另一邊的某個人——有九十九．九％的人類基因相同，但體內的各個微生物群可能只有小部分類似[8]。研究人員如今發現，就連我們腸道內某個菌種與鄰居腸道內相同菌種的活性基因，都可能只有不到五十％相同。

這些基因是左右微生物活動的關鍵因素，更廣義來說，是左右微生物對環境及我們的影響的關鍵。活化基因能決定微生物的忙碌程度、飲食偏好以及與其他微生物的溝通或戰鬥方式。整體而言，微生物體就像基因的發電廠。我們體內各種微生物體所擁有的基因數量，都比我們各自人類基因的數量多出約百倍。這表示我們每個人體內的微生物基因都遠多於人類基因。因此，如果你還以爲自己只是單一人類個體，也許該重新思考一下這個舊觀念了。

但我們體內究竟有哪些居民？這些沒有臉孔的微小群眾究竟是誰？多年來科學家已發展出

各種方式將這些生物分類。例如，根據形狀可將細菌分爲三種不同類別：桿菌、球菌和螺旋菌。桿菌就是我們熟悉的桿狀細菌，這類細菌的顯微鏡影像通常看起來像是表面粗糙的膠囊或有絨毛的長香腸。桿菌包含的範圍很廣，從**植物乳桿菌**（*Lactobacillus plantarum*），也就是發酵德國酸菜中的菌種，到**炭疽桿菌**（*Bacillus anthracis*），也就是炭疽病的肇因，都包括在內。因此絕對不能光看細菌的外表來判斷類別。球菌的外型較偏向球形，通常體型特別微小。從**嗜熱鏈球菌**（*Streptococcus thermophilus*），也就是優格的主要成分，到**金黃色葡萄球菌**（*Staphylococcus aureus*），也就是導致葡萄球菌感染的罪魁禍首——包括可怕的抗藥性金黃色葡萄球菌（MRSA），都包含在內。最後是螺旋菌，相信你已經推測出，就是螺旋狀（或是開瓶器形狀）的細菌。就我們目前所知，這類細菌在疾病與食品方面的重要性較低，但知道世上還有一些瘋狂古怪的細菌存在也不壞。

**7** 細菌在長達數十億年的時間裡一直是地球唯一（完全成熟）的生物。

**8** 雖然如同許多健康研究所顯示，這些統計數據可能較符合富裕國家居民的情況。而針對世世代代共同生活在相同地方、吃著相同食物的巴布亞新幾內亞原住民，腸道微生物相研究則顯示他們體內的微生物相在相對上較為類似。「而一般美國人生活在這個消毒乾淨的世界裡，我們各自充實了自己的菌叢基因」，加州大學戴維斯分校分子生物學家大衛．米爾斯（David Mills）表示。因此每個人體內都有截然不同的微生物相這個廣義說法可能比較是「過去三百年來——甚至是一百年來造成的結果……（或許）原本我們體內的微生物體其實遠比如今更為相似」，他說。

腸道與食物內的微小眞菌，型態甚至比細菌更爲多樣。有些如**酵母菌**（*Saccharomyces*）的眞菌對烘焙或釀酒等方面都十分重要，通常外型可能呈現橢圓形或蛋型。**地絲菌**（*Geotrichum*），也就是存在於某些優格中的菌屬，看起來則像是桿狀的桿菌。此外還有**麴菌**（*Aspergillus*），這種眞菌是由發酵的大豆培養而成，會長出誇張的頭部散播孢子，在全盛時期看起來就像是俗豔的觀賞用花蔥。

這些形狀與特徵都有助於判斷微生物結合、繁殖與移動的方式。細菌大多透過有絲分裂繁殖，基本上就是一分爲二：複製重要物質，體積膨脹，接著從中間一分爲二，成爲（理論上）完全相同的細胞。眞菌有各式各樣的繁殖方式，包括上述方法或透過孢子。眞菌是不動的生物，而許多細菌則會用名爲「鞭毛」（flagellum）的細小尾巴推動自己，或利用名爲「線毛」（pili）的類似毛髮構造依附在物體表面。

在了解這些微生物如何影響我們的健康之前，首先，要確認腸道內及食物中究竟有哪些微生物。

這些微生物的卡司名單目前仍不完整，而且這種情況可能還要持續一段時間。科學家在過去幾世紀忙著將世上種類多得驚人的動植物做分類，但在此同時對我們體內的微生物卻疏於研究。原因之一在於這些微生物單憑肉眼無法看見，此外，腸道內的微生物大多都是厭氧生物，難以適應我們所居住充滿氧氣的世界（以及我們的實驗室）。在科學史上，我們大多時候必須仰賴生長在培養皿中的生物來研究微生物。可想而知，用棉花棒在某個環境採樣，然後觀察樣本在完全不同環境中的生長情況，並不是觀察目標環境中有哪些生物的最佳方式。試想如果以同樣方式研究動植物——就像從亞馬遜河採集樣本，觀察樣本中有哪些生物能在阿他加馬沙漠中繁衍一樣。能在乾燥沙漠中存活並繁衍的生物，恐怕無法代表能在豐沛水氣中生活的原生物種。但數十年來，我們頂多只能做到這點，因此毫不明白自己體內的微生物河流究竟有多麼熱鬧且多元。

如今我們有了基因定序技術，即使某個環境內的生物無法在實驗室存活，我們也能透過這項技術知道該環境中有哪些生物。隨著基因掃描的速度加快、成本降低，我們只要利用定序儀器快速掃描樣本，就能清楚知道混合物中有哪些生物——不論死活都測得到。研究人員可以尋找樣本中名為16S核醣體RNA基因的特定基因標記差異，我們的版本與細菌的版本差異很明顯，因此是區分細菌與人類基因的捷徑。此外，每個物種的這種基因標記都不同，因此科學家如今可以透過16S核醣體RNA序列配對釐清物種名單，而不必一一收集個體完整、龐大的基因組。簡單配對就能找出微生物，或許這個方法並不是了解體內微生物族群及相關情況最完美終極的解決辦法，但遠比在實驗室用樣本培養微生物更完整全面。

透過基因研究獲得的資訊，讓我們對腸道有了各種驚人的深入了解，但即使我們認爲已經找到微生物型態與健康的可能關聯，還是必須再三檢視。

舉例而言，北美及歐洲微生物體通常以兩個門的細菌爲主，分別是「擬桿菌門」和「厚壁菌門」，其中又以擬桿菌門爲多數。數年來，從一些小型實驗——包括實驗室動物及人體實驗——發現了一個值得留意的模式：肥胖個體體內擬桿菌門與厚壁菌門細菌的比例似乎會出現變化。**體型偏瘦的人體內擬桿菌門細菌的數量較多，而過重的人體內厚壁菌門細菌的數量則不成比例地高。**

噹啷！也許只要將兩者的比例調整爲與瘦子類似，讓體內成爲滿是擬桿菌門細菌的領域，就能輕鬆解決減重者——和全球——的體重問題。減重大師紛紛將這個公式奉爲圭臬。

只可惜，這個簡單的方法或許並非這麼有效。**事實上，更廣泛的數據研究顯示，個人BMI值與體內擬桿菌門及厚壁菌門細菌的比例，並沒有統計上顯著的關聯。**此外，像「門」這麼廣的生物類別眞的能決定我們的體重嗎？你難道會說：「啊，我把新生兒忘在家裡了——不過沒關係，家裡有幾隻脊椎動物可以照顧他」？重點可能在於你家裡究竟是哪種脊椎動物在照顧寶寶：灰熊、孔雀魚、還是人類阿公阿嬤。或者假使你的醫生建議你將飲食內容調整爲以植物爲主，你或許不會急著衝出去找最近的鐵杉樹根來啃（除非你眞的、眞的無法想像沒有培根的人生）。因此我們不該期望細菌門成員的一致性，會遠高於我們在大環境中遇到的生物。

這類的警世故事提醒我們要留意體內微生物群之間更細微的差異。正如我們所知，在門（以及綱、目、科）這個層級之外，腸道內還有許許多多的屬[9]——有些是外來的屬而且少有人研究，但也有其他如**乳桿菌屬**和**鏈球菌屬**（*Streptococcus*）等我們較爲熟悉且已詳細探究過的對象。但即使是這兩個例子，也在提醒我們更深入探討的重要性，至少要到種的層級。

上述兩個屬都是厚壁菌門的成員，也都是會產生乳酸的細菌。不論是食物內或腸道內的菌種，這種產生乳酸的功能都具有益處（能分別讓食物發酵和維持腸道酸度）。雖然**嗜熱鏈球菌**有助於製作優格——以及許多美味的發酵食品，但**肺炎鏈球菌**（*Streptococcus pneumoniae*，會導致肺炎）以及**化膿性鏈球菌**（*Streptococcus pyogenes*，可能導致鏈球菌性喉炎及壞死性筋膜炎等各種疾病）則可能致病甚至致死。正如某位希臘研究人員所說，我們應該用看待其他生命體的角度來思考微生物的行爲範疇。博美犬是高度（有人可能會說是極度）馴化的寵物，但

9 屬也算是一大類。以「人」屬為例，這個屬包含了我們、尼安德塔人，以及可以一路追溯至早期原始人的其他族群，這些原始人才剛開始直立行走，可能還沒有語言。

野生灰狼則會（也很可能）殺死你——雖然兩者同爲「**犬**」屬的成員。**鏈球菌**屬及其他許多屬的成員情況也相同。

不過，要**真正**了解這些微生物如何作用——不論是久居或是路過的微生物，我們必須探索到比種更深入的個別菌株的程度。例如，許多**大腸桿菌**（*Escherichia coli*）菌株都無害，即使生活在我們的腸道內也沒有任何不良影響，有些甚至還有益，例如益生菌株**大腸桿菌Nissle 1917**（*Escherichia coli Nissle* 1917）[10]。不過，這個菌種的其他菌株，如大腸桿菌O157菌株（*Escherichia coli* O157）則可能致死。因此在我們試著進一步了解微生物可能產生的影響時，必須指定實驗或食物中的菌株。

這一切都極其複雜，而且資料龐大到令人難以想像。但即使是對這個豐富又複雜的世界略知一二，也能對健康帶來莫大好處。

## 小蟲責任大

**有些人熱情地將微生物相譽爲「被遺忘的器官」**，但我認爲這對微生物的讚譽程度仍嫌不足。正如我們所知，**這些微生物確實幫助我們處理某些食物，並讓我們從食物中攝取到更多熱量與礦物質**。但我們也會發現，**微生物的功用遠多於此。牠們也會與我們的免疫系統溝通並調**

**整免疫功能，幫助調節內分泌。微生物也是我們複雜神經溝通系統的一環，這個系統掌管了我們的情緒。**微生物加總起來還不到你想減去的三磅重。（不過，好好對待體內的微生物，或許能幫你減去這麼多體重。）

微生物與體重增加及肥胖的關係，可能不僅僅是熱量攝取這麼單純。雖然改變擬桿菌門和厚壁菌門的比率可能並非大家一度推崇的萬靈丹，但我們腸道內隱藏的其他趨勢也與過重有關（這個情況如今影響了一億六千萬以上的美國人及全球大約二十一億人）。研究人員發現，將肥胖人士體內的微生物餵給無菌鼠吃，也會導致老鼠肥胖，原因之一是這些微生物可能影響了讓我們感覺飽足或飢餓的內分泌。**其他研究顯示微生物可能影響我們對食物甚至是藥物的代謝，**這個發現或許能解釋某些不明的因人而異的藥物反應。但也有其他微生物或許能改善肥胖造成的有害環境。而有些微生物能幫助強化腸壁，進而減少從腸道外漏並造成脂肪組織輕度發炎的有害物質。

類似的微生物平衡在不同人的身上也可能與健康或疾病有關，端視個人的生活背景與飲食習慣而定。例如，在大量攝取蔬食的健康非西方人體內可以發現**普雷沃氏菌**（*Prevotella*），包

10 這個菌株是在一九一七年從一名一次大戰士兵身上分離而得，這名士兵在腹瀉流行期間始終保持健康。

括許多飲食以傳統蔬食爲主的非洲人。但普雷沃氏菌也常見於西方愛滋病患者的腸道內，這在西方被視爲是腸道菌叢失衡——也就是微生物失衡[11]的象徵。

## 身體其實會預期有寄生蟲存在

免疫系統負責保護我們抵禦入侵者。而微生物在基因上是絕對**非我族類**的生物體，但免疫系統卻能容許（甚至仰賴）大量且多樣的微生物徹底發展。因此，微生物與免疫系統之間已發展出一種有趣又微妙的關係。

如今大家都同意，現代有愈來愈多人得到過敏甚至某些自體免疫疾病，部分原因可能都出在我們將外在環境打掃得太過乾淨。我們的身體其實沒有理由去攻擊花粉，但許多人的情況卻是免疫系統發現了這些微粒後，啓動了攻擊模式，進而造成發炎、流鼻水和流眼淚等症狀。這種衛生假設源自於一九八〇年代對大家庭長大的兒童所做的研究。這些孩子，尤其是年紀最小的手足，發生過敏的機率遠低於附近在獨生子女家庭長大的同儕。科學家假設幼年時期接觸較多微生物及環境中的粒子（尤其來自滿身細菌的兄弟姊妹），可以訓練孩童的免疫系統攻擊眞正有害的入侵者，並對花粉或花生蛋白質等威脅性較低的物質採取較節制的態度。我的想法是，如果我的狗在幼犬時期曾經遇過一、兩名眞正的盜賊，現在就不會每天對友善的郵差叫得這麼凶了。

因此，世世代代的孩子（包括我在內）都曾經被送到戶外在泥土中玩耍，以便接觸更多外來粒子、更多外來微生物，藉此在幼年時期拓展自身免疫系統的見識。值得留意的是，更近期的研究顯示，我們「**體內**」的微生物對於發展健全的免疫系統，甚至比這些體外微生物扮演了更重要的角色。而不論是接觸或缺乏接觸這些體內微生物，都發生在某個關鍵時期。近期研究顯示，免疫系統似乎有段重要的發展期，在這段期間，微生物相如果受到擾亂（例如早期大量使用抗生素）可能會產生終生影響，導致氣喘及過敏等免疫相關疾病的風險升高。

神經兮兮的免疫系統所造成的影響，不只是對無害的外來粒子反應過度，也可能開始攻擊身體本身。研究人員目前正在探討腸道微生物體與使人衰弱的自體免疫疾病之間的關聯，例如克隆氏症及潰瘍性大腸炎等，這些疾病都是因為免疫系統無法自我調節，造成身體本身的組織慢性發炎及受損。

有些人的基因組成導致他們更容易罹患如炎症性腸病等病痛。但賓州大學（University of

11 不過，賈斯汀．桑內堡與史丹佛大學的研究同仁兼妻子艾芮卡．桑內堡（Erica Sonnenburg）很快指出，「由於我們對健康微生物相的定義來自針對美國人及歐洲人所做的研究，因此對於何謂正常的觀點可能也非常扭曲。」此外，有個日本研究團隊也表示：「健康個人體內以及西方人和亞洲人的正常腸道菌相（normabiosis）是否類似，這點仍不確定。」顯然，即使是這些基本用詞也需要多加研究。

Pennsylvania）的佩雷爾曼醫學院（Perelman School of Medicine）胃腸科研究人員吳蓋瑞（Gary Wu）表示，人類基因只占克隆氏症風險因子的三十％，占潰瘍性大腸炎風險因子的十％。「這表示罹患這些疾病的主要風險其實在於環境因素。」而其中某些環境影響可能導致微生物相出現有害的變化，改變了免疫狀態，進而造成免疫媒介疾病。他說，從近幾十年來許多國家罹患克隆氏症的人口比率急速上升便可看出端倪。「過去在亞洲，包括中國、日本、印度，炎症性腸病相對罕見，」他說。「但隨著這些國家的工業化程度提高，這類疾病的發生率也迅速升高。」他認爲工業化生活方式會造成腸道微生物相改變，可能是導致這些疾病愈來愈常見的原因之一。

潔淨的生活可能帶來的另一項詛咒則屬於較大層面，就是缺乏寄生蟲。雖然沒有寄生蟲通常被視爲好事一樁——對我們及寵物而言都是如此——但在人類演化的過程中，大多時候這種同伴都很常見。許多科學家已發現，從演化的角度來說，我們的身體會**預期**有寄生蟲存在。這是「老朋友」假說的一部分，認爲我們的免疫系統在某方面其實會想念寄生蟲，而且會因爲缺少寄生蟲而採取某些行動。

除了許多生活方式上的改變以外（加熱殺菌食物、乾淨的建築物、工業化飲食、每年施用抗生素等），在富裕國家裡，消滅寄生蟲（絛蟲、鉤蟲、蟯蟲）也與過敏及自體免疫疾病的罹患率升高有正相關。既然還有其他許多變動影響我們的健康，特地指出這項變化或許有點奇怪，但研究人員已經研究過在病患體內**重新導入**寄生蟲會發生什麼情況，結果十分驚人，雖然這個過程可能讓人心臟衰弱——或反胃[12]。

**給人寄生蟲來緩解氣喘病情？**這個想法其實沒有聽起來那麼古怪。我曾經有機會在這項試驗的初期階段拜訪哈佛醫學院的研究人員，當時這個概念似乎十分可怕（不過那些說服研究機構審查委員會通過這項試驗的研究人員卻覺得很吸引人）。在這類研究中，科學家通常採用非人體原生的寄生蟲，例如豬鞭蟲，以降低長期感染或意外傳染給他人的機率。這些寄生蟲以蟲卵型態給病患口服（通常放在飲料中——乾杯！），以便在腸道內成熟。這些稱爲「腸蟲」的寄生蟲對人類免疫系統相關基因具有獨特的作用。寄生蟲存在期間所帶來的改變，可以緩解克隆氏症、潰瘍性大腸炎，甚至可能緩和乳糜瀉及過敏，目前也持續研究其他病症的改善情況。

更近期的研究檢視的不僅是腸道寄生蟲與人類自體基因間的複雜相互作用，也探討寄生蟲與微生物間的交互影響。一項研究發現某些寄生蟲可能會激勵某些細菌生長，而這些細菌可以對抗可能導致發炎的某些菌株。這種交互作用或許也能解釋研究人員多年來在腸蟲感染（不論

12 真的，沒那麼噁心的內容馬上就來了。

是自然或人爲感染）與預防克隆氏症及其他免疫相關疾病之間發現的許多相互關聯。

°°°°

我們腸道內的居民也能預防感染，進而對免疫系統產生助益。其中一個原理就是這些腸道居民會訓練免疫系統，讓免疫系統更善於對抗具有感染性的生物，包括那些可能造成感冒、流感或腸胃炎的生物。不過，微生物並不一定要積極支持免疫系統。如果腸道內充滿健康、多元的微生物相，就沒有空間讓病原體入侵：微生物居民已經占據了多數的房產——及食物。在對老鼠施予有害**沙門氏菌**的實驗中，研究人員發現腸道內原本的微生物相大多時候都會勝過潛在的入侵者，進而避免感染。而如果先讓老鼠服用抗生素去除體內多數正常微生物再施予感染菌，牠們生病的機率便大幅提高。相較於長滿各種植物的雨林，剛犁好的土地更容易被新品種雜草占領。

病原體不一定來自外部，也可能從體內生長及繁殖。只要既有的腸道微生物相出現任何巨大擾動——例如抗生素治療——就可能讓倖存的微生物壯大及占領腸道。如果你體內有可能成爲病原體的**大腸桿菌**逗留，這些少數微生物如今就有更多空間與資源擴散及繁殖。研究顯示一旦擬桿菌門細菌數量減少，至少有一種病原菌的數量便可能增加。只要數量夠大，理論上無害的微生物也可能引發不適。

微生物相也可能抵禦入侵者，因爲微生物已經捍衛國土長達數十億年。只要有微生物存在，牠們就會持續製造化合物防止其他微生物接近。這一直以來都是一場軍備競賽，牠們甚至會產生化合物來消除對手的化合物（最初的抗生素抗藥性）。我們總以爲抗生素是聰明的人類所發明，其實這是微生物的產物，我們只是將其改造以便爲己所用[13]。

## 微生物也能改變情緒

腸道不但是重要的免疫中心，也與神經系統關係深厚——其中包含了一億個專用神經元[14]。這種合作關係也讓研究人員也開始尋找微生物體與情緒及腦部病變的關聯。一項重要的線索就是體內大約有八十%的血清素——憂鬱症便與缺乏血清素有關——是在腸道內產生。研究人員的確發現，有重度憂鬱症的人其腸道微生物型態與健康的人不同。

---

13 如果你還記得自己學過的科學史，是一九二〇年代亞歷山大·弗萊明（Alexander Fleming）發現長在其中一個培養皿中的黴菌（更明確來說，就是如今稱為「青黴菌」〔*Penicillium chrysogenum*〕的真菌）可以防止有害培養菌生長。最後從這項發現研發出盤尼西林，在一九四二年成功治癒了第一位病患。

14 聽起來或許不多，尤其相較於人腦中大約八百六十億個神經元。但一億個神經元仍比一般倉鼠整個神經系統內的神經元數量多出整整一千萬個，因此我們或許應該對自己的腸道更有信心一點，腸道內的情況遠比我們先前所知的複雜多了。

除了與數百萬個神經元有關聯以外，大腸也透過強大的迷走神經（vagus nerve）而與大腦產生直接關聯，這也成爲微生物相影響中樞神經系統的另一個途徑。動物實驗顯示這條途徑不僅與發炎控制有關，也與大腦功能及情緒相關。早期研究也顯示，在無腸道微生物狀態下養大的老鼠，神經方面的發展也會不同。有些科學家甚至還研究微生物體與自閉症（另一個發生率急遽升高的疾病）之間的關聯。

微生物相的型態似乎也與焦慮有關。因幼年與母鼠分離而出現焦慮及憂鬱症狀的老鼠，腸道微生物相也不同於那些在母親身邊度過快樂童年時光的控制組老鼠。而這個研究結果更讓人好奇的一點是，研究人員發現，依照相同程序與母親分離的無菌鼠，就不會出現上述那些負面行爲。這表示微生物會影響情緒及行爲的發展——而且可能在幼年時期就會產生影響。爲此，科學家已發現將焦慮症患者的腸道微生物相轉移到無菌鼠體內，也會將焦慮行爲轉移給該受試老鼠。

我們或許也可以從體外來探討微生物與情緒的相互關係。非體內微生物似乎能夠消除鼠科動物的憂鬱。我們如何知道？要和老鼠談心確實有難度，因此科學家想出其他方法了解老鼠的情感，其中之一就是游泳測驗。將老鼠放入一小缸水，測試牠們在沒有逃生路線的情況下會持續游多久才放棄，任憑自己飄浮在水面（之後由研究人員救起）。有憂鬱症狀的老鼠會遠比健康的控制組老鼠更快放棄。愛爾蘭科克大學（University College Cork）一個研究團隊決定研究如何減輕憂鬱老鼠的這些症狀，幫助牠們游得更久。在其中一項實驗中，他們測試了市售的抗憂鬱藥與**雙歧桿菌**[15]菌株，發現兩種都有效，而在另一項試驗中使用**乳桿菌**（*Lactobacillus*）也有效。

在其他研究中，**放線菌**（Actinobacteria）（例如**牝牛分枝桿菌**〔*Mycobaterium vaccae*〕常見於土壤中，人類可透過水或植物接觸該菌）及**厚壁菌**（Firmicutes，尤其是乳桿菌）似乎可以減輕動物的焦慮。

有些研究甚至發現對人類也有效。其中一項檢測利用功能性核磁共振造影掃描了健康成年自願受試者的大腦，接著其中一小組受試者每天飲用益生菌乳品（包含動物雙歧桿菌〔*Bifidobacterium animalis*〕、嗜熱鏈球菌、保加利亞乳桿菌〔*Lactobacillus bulgaricus*〕及乳酸乳球菌〔*Lactococcus lactis*〕[16]）長達一個月。一個月結束後，控制組受試者的大腦看起來一樣，但持續飲用綜合益生菌的受試者，大腦中情緒及感官感受相關區域的活動則出現變化。

---

**15** *Bifidobacterium*，俗稱比菲德氏菌。

**16** 前三者常見於發酵乳製品。「嗜熱鏈球菌」及「保加利亞乳桿菌」是優格發酵過程中的活菌，而「乳酸乳球菌」則存在於某些陳年乳酪，例如格魯耶爾乳酪。

在我們能開立微生物處方治療情緒障礙之前，還有一大段路要走，不過這項研究奠定了值得關注的基礎。而這些研究結果也引導研究人員探究一種名爲精神益生菌的益生菌新種類。

。。。。

儘管有這些先進的科學研究，但目前關於微生物相影響健康的最佳證據，仍來自於一個聽起來十分噁心的程序，也就是將某人的糞便物質轉移到另一人體內。雖然水蛭或放血或許比較吸引人（可能也較衛生），但對於接受糞便移植的特定族群，他們已經衡量過排泄物的利弊得失，最後決定了效益大於反感。

這些患者有嚴重且往往十分危急的**難治梭狀芽孢桿菌**[17]（*Clostridium difficile*，簡稱難治C菌）腸道感染。這種感染——也就是這種有害菌在腸道內過度生長——可能導致腹瀉、發燒、嚴重胃痛，有些案例甚至會死亡。患者通常在醫院內感染這種病菌，不過院外感染的病例數也逐漸增加，這點令人憂心。許多感染難治C菌的患者都是在經過幾輪廣效抗生素治療導致體內其他菌種被消滅後（有些當然是壞菌，但也有許多好菌和無害菌）才開始生病。這是因爲抗生素治療清出一條路讓病原體移入及繁殖，病原體會產生化合物破壞腸道內壁的連結，同時也分泌其他毒素，而腸道壁遭到破壞後毒素便會外溢，進入全身循環。許多罹患難治C菌的患者在接受更多輪抗生素治療後或許能治癒，但這個療法的失敗率愈來愈高，而且患者接受過數輪的抗生素治療後，感染的情況反而更嚴重，預後也更差。因此醫師已轉向糞便腸道菌叢移植療法（fecal microbial transplant），簡稱糞菌移植。

以這種方法治療嚴重的胃腸道疾病其實已行之有年。在發現傳染性細菌與這種病症的關聯之前，科羅拉多州丹佛市就有一群十分勇敢（或瘋狂）的醫生，在一九五〇年代開始合作，以糞便灌腸劑治療有嚴重腸道症狀的人——成功率意外地高。**早在此之前，中醫師李時珍便於十六世紀提出以糞便爲主的「黃龍湯」治療腹痛、腹瀉等腸道疾病**。在更早之前的公元四世紀，中國作家兼煉金術士葛洪便曾開立口服糞清處方治療嚴重腹瀉或食物中毒。「重新播種」顯然並不是嶄新的觀念。

糞菌移植，也就是將健康者消化道內的菌叢移植到病患消化道內，在個人化精準醫療時代似乎顯得十分粗略。但出於多數人意料之外，由於這種療法能極爲成功地迅速消除**難治梭狀芽孢桿菌**，早期測試其療效的試驗甚至因此提前終止，讓接受更多抗生素治療的受試者也改爲接受糞菌移植治療。由於治癒率高達九十%，不讓生病的受試者接受移植治療已違反道德。

**17** 難治梭狀芽孢桿菌（*Clostridium difficile*）學名中的difficile在法文中是「困難」的意思，對於那些感染者而言，可能有點輕描淡寫。

研究人員如今改善這個療程（開始將移植物透過灌腸劑或經由鼻胃管注入），並將篩選過的捐贈糞便製成藥丸（沒錯，基本上就是大便丸）。另一種方法是自體移植，也就是「儲存」自己的菌叢（以冷凍糞便的型態存放）。如果患者接受治療後體內的微生物相沒有繁榮起來，還可以復原自己特有的菌叢。新創公司也參與研發，試圖從純實驗室培養的菌叢建立人工微生物體，藉此消除這個療程的部分噁心因素。然而，結果證實要從無至有成功創造出有活力的菌叢，的確是一大挑戰。

由於在治療難治C菌上有極大的成功，科學家如今開始研究其他可利用新的——或至少改良過的——微生物體治療的病症。一項肥胖研究顯示，將纖瘦捐贈者的腸道微生物相注入代謝症候群患者體內，有助於讓胰島素受器再度敏感化（以避免發展出糖尿病）。其他團隊則是研究以這種療法治療炎症性腸病甚至是自閉症的可能性。

操弄體內的微生物以控制健康聽起來可能很科幻，但這其實與流傳數千年的傳統治療及傳統飲食有深厚淵源，而醫食往往同源。我們終於明白這項自古相傳的智慧，而飲食也回歸到正確的焦點，成為維持完整健康的關鍵。幸好，飲食是個方便的——也是快樂的——預防性健康管理方法。現在就來探討這些經驗來自哪裡——以及世代傳承的烹飪法、飲食法及微生物力量的運用法吧！

# Chapter 3
# 好好餵養你的微生物

纖維是微生物賴以為生的物質，如果缺乏纖維，
這些腸道居民還藏了一項祕技，就是開始吃「我們」。

Feeding the Microbiome

在我們一生中，體內的微生物不僅在出生時獲得，也來自於環境——包括水、空氣、建築物、寵物、同事、另一半及我們的食物[1]。我們的飲食會影響進入體內的微生物，也會影響身體對體內既有益菌的適居性。飲食也是我們最能掌控的事情之一，而且過程中可能帶來快樂與發現。談到滋養多元且繁盛的微生物體，多數人在這方面都有很大的改善空間。

餵養體內既有的微生物，聽起來也許不像導入數十億個外來新微生物那般有趣，但許多科學家都認爲，你眞正能爲自己及體內微生物所做的最好事情，就是從根本上確保牠們有恰當的食物。

## 當個好主人

怎樣才是餵養體內微生物最好的方式呢？一言以蔽之就是纖維。我們早就知道纖維對人體有益，可降低攝取熱量並維持規律性。但纖維可能也是我們幫助體內原生微生物最強大的工具，是這些微生物賴以爲生的物質。

纖維由長鏈碳水化合物[2]組成，由於這類碳水化合物是由複雜化學鍵連結，因此分子較難——有時甚至無法——被人體消化。我們人類就是無法產生能分解多種纖維的必需酵素，這表示這些化合物最後會完整地進入下腸道，因此該處的益菌可以大快朵頤這些廢棄物。等到這些化合物促進益菌的生長與健康後，就成爲我們所知的**益菌生**。

數十年來，我們一直沒有好好爲體內原生微生物提供牠們期望的飼料。少了纖維來滋養這些微生物，牠們的數量急遽減少，導致我們無法再享有牠們帶來的許多效益。

如今美國人平均每天攝取大約十五公克纖維，約莫是美國政府建議量的一半。而大約三十公克的纖維建議攝取量，可能也只達到傳統飲食的纖維含量約三分之一（甚至不到）。即使是這個區間的最高值，恐怕也只達到我們祖先每天可能攝取纖維量的一小部分。這一切都表示，我們可能只攝取了體內微生物期望值十%至十五%的纖維量。微生物似乎感覺到匱乏——我們也是。

「人類過去可能每天攝取一百至一百五十公克的纖維，」內布拉斯加大學林肯分校（University of Nebraska-Lincoln）的食品科學家羅伯特．哈金斯（Robert Hutkins）說。「千萬年下來這當然對我們體內的微生物相產生影響。直到過去五十至一百年間我們才喝汽水、吃洋芋片，只攝取八十分之一的纖維量。如果我們攝取的益菌生纖維是自然減少到這個量，我們的

---

**1** 不只是包含活的生物體的食物，多數天然食物也有自己的微生物型態——即使洗過也一樣。

**2** 這類物質在人體內的作用，迥異於我們平常認為的「碳水化合物」食物——像是義大利麵、白麵包及目前常見的其他單一碳水化合物。

腸道微生物相想必會完全不同。」

舉例而言，在人類生活了大約一萬年的奇瓦瓦沙漠（Chihuahuan Desert）的洞穴遺跡中，一項考古研究發現了當地人「密集利用」當地富含益菌生纖維植物的證據。從烹飪材料、人類骸骨及糞化石（也就是糞便化石）蒐集的線索中，顯示當地居民每天攝取大約一百三十五公克特定類型的微生物飼料纖維（菊糖）。正如後文將提到的，這項重要的益菌生纖維能餵養體內爲我們提供各項服務的微生物，例如產生抗發炎化合物。另一方面，據估計美國及歐洲目前對這種纖維的攝取量，每天只有「數公克」，與早期文化大相逕庭。而我們體內的微生物似乎不樂見這項差異。

古代沙漠居民或許是例外，但我們知道古代人類三餐的纖維量通常遠多於現在，一項又一項的研究都指出舊石器時代人類採取多元化飲食。針對以色列一座兩萬三千年前的古蹟所做的調查發現，當地料理包含超過一百四十二種不同的植物種類（包括種子、堅果、水果和穀類）[3]。雖然這項研究並未仔細調查居民飲食中的纖維含量，但遺跡中植物的種類多得驚人，顯示三餐富含纖維——而且是許多不同形式的纖維。

即使到了更近代，人類還是會固定攝取各種纖維。公元前三二八五年一個名爲奧茨（Ötzi）的男子生活在如今的奧地利與義大利邊境，他被冰凍在冰河裡，直到一九九〇年代才被人發現。分組研究員（胃部團隊）檢查了他消化道的內容物，發現了年約四十五歲的他死前才剛吃了各種食物，包括小麥麩皮、大麥、亞麻籽、莢果、根菜、山羊肉及鹿肉。除了最後一餐以外，他的大腸內也有高度多元化的微生物。

某些富含纖維的飲食方式仍未完全失傳。二十世紀中期的纖維攝取量研究發現，非洲大陸仍有許多人採取相對傳統的飲食方式，每天攝取六十至一百四十公克的纖維。

**近期研究顯示，採取傳統飲食方式的非洲人腸道菌叢主要爲「普雷沃氏菌」**（表示飲食中攝取了大量碳水化合物——及纖維）。相較之下，**採取標準美國飲食方式的非裔美國人，體內則以「擬桿菌」爲主**（與飲食中大量攝取動物性食品有關，這類食品在美國較爲常見）。雖然只是有相關性，但非裔美國人罹患大腸直腸癌的風險往往也較高。不過，研究人員發現，只要他們採取高纖飲食（每日纖維攝取量超過五十公克）短短兩週，就能迅速降低這種風險的其中一種標記。研究人員也發現非裔受試者如果採取高脂肪、高蛋白、低纖維飲食，則會出現相反的變化[4]。這兩種飲食變化都會導致微生物相隨著不同的微生物食物消長而出現變化。

---

3 這些都在全球糧食供給，喔，甚至是農業出現之前就存在了。想一想，以現行可取得性來說，你今天吃了幾種植物？

4 他們也發現受試者體內與發炎及炎症性腸病相關的微生物，如嗜膽菌（*Bilophila*）也會增加。

研究發現，移民至較富裕國家且飲食習慣驟變的人，上述的改變會極度明顯。不僅他們體內的微生物改變，他們罹患許多西方相關疾病的風險，例如炎症性腸病，也會出現變化。其實若從長期的角度來看，我們多數人都經歷過這種情況。即使我們一輩子大多時候都維持相同的飲食，但飲食內容在近幾個世代勢必會改變。

如果我們的飲食改變，而且在數年間持續改變，對微生物相會有什麼影響？史丹佛大學醫學院資深研究科學家艾芮卡·桑內堡正努力釐清這點。「我們開始針對飲食與微生物相做一些實驗，」她與丈夫兼微生物研究同事賈斯汀·桑內堡，在史丹佛的餐廳一面吃著滿是豆類的沙拉一面這麼說。「我們將人類微生物相植入老鼠體內，再去除老鼠飲食中的所有膳食纖維——也就是這些微生物基本上仰賴的物質——很快就看到腸道微生物的種類數量銳減，」她說。「如果我們在極短的期間內做這件事，比如說幾天的時間，會發現這個改變很快就發生——在一天之內就能看到。然後我們再度給予老鼠膳食纖維，一切似乎很快又恢復正常。」[5]這是好消息，這表示只要在飲食中補回纖維，微生物相就能獲救。

「於是我們開始懷疑，」她說，「問題其實不在於（西方）飲食的變化。說真的，我們所做的改變是去除了我們飲食中的膳食纖維，但我們從很早以前就已經這麼做了，而且在這段期間我們還生了孩子，讓他們接受低纖維飲食。所以問題在於：更長期來看這些老鼠會怎樣？人類是不是也會面臨相同情況？」

「我們發現，」她說，「即使在一個世代之內，如果這些老鼠較長時間——比如說數個星期——採取低纖維飲食，等我們再度給予牠們膳食纖維時，微生物多樣性也會有一定程度的恢復，但不會完全復原。」他們認爲，這表示長期的纖維攝取量變化可能導致腸道微生物相永久改變。

爲了進一步測試這項觀點，合著了《好腸道》（*The Good Gut*）一書的桑內堡夫婦與同事也讓帶有人類腸道微生物相的老鼠在定期吃高纖鼠食或調整過的低纖鼠食期間繁殖。最重要的問題在於：如果母體在體內微生物相改變的期間產下幼鼠，對未來的世代會有什麼影響？「你可以想像一個情景，就是某些類型的微生物無法轉移至下一代，因爲牠們數量太少所以無法轉移，」她解釋。「我們發現從第一代到第二代的微生物數量大幅減少，而從第二代到第三代甚至還會進一步減少，等到從第三代到第四代時，微生物相大致上已經達到某種穩定的低纖、低多元性狀態。」

這個情況聽起來很不妙，尤其是西式飲食纖維含量急遽減少的情況已經持續了好幾個世

5 賈斯汀．桑內堡開玩笑地說，他們打算將研究結果的論文標題訂為：「亡羊補牢——快吃膳食纖維！」

代。因此，桑內堡夫婦懷疑，在幾個世代低纖飲食下喪失的微生物，能否因為在飲食中補回纖維而恢復？「我們在老鼠的上一個世代——也就是第四代——重新在飲食中加入膳食纖維，」她說。但腸道微生物相並未因此恢復。「多樣性就是無法恢復。所以我們認為這些微生物的世代傳承一旦中斷，就會從此在腸道內消失。」如果某些微生物族群在較早世代老鼠體內的數量持續偏低，「低到基本上等於不存在的地步，」她說，那麼即使在飲食中加回纖維，「牠們還是無法恢復到原本的狀態。」

這一切對我們而言具有什麼意義？「這表示西方世界對人類體內微生物相的所作所為具有深遠的影響。」她說。我們會在後文看到，這些令人憂心的影響不勝枚舉。

專門餵養我們體內益菌的纖維性複合式碳水化合物，具有許多微生物媒介效益。舉例來說，**研究人員發現，「益菌生」或許能協助體內微生物抵禦病原體、改善免疫系統、促進礦物質吸收、幫助減重及提升飽足感、減輕腹瀉及過敏症狀、減少發炎、緩解炎症性腸病的症狀，提高胰島素敏感性、預防大腸癌，以及可能降低心血管疾病風險。**即使富含纖維的食品吃起來像是一九八〇年代口感宛如舊紙箱的強化型早餐穀片，但光是上述這些效益仍足以構成吃這類食物的理由。幸好對我們來說，有益的纖維可以從傳統料理乃至全球各地料理等各種美食中輕易取得，我們在之後的章節會討論這點。

在此同時，我們仍在進一步了解這些餵養體內原生微生物的重要化合物，其中被研究得最徹底的就是菊糖、果寡糖（fructooligosaccharides, FOS）、半乳寡糖以及抗性澱粉。這些物質大多都自然存在於爲數驚人的各種植物裡——而且是數以萬計的可食植物。不過，你不需要繞過大半個地球或四處搜尋，這些植物很多都是地方商店裡的標準備貨[6]，最起碼香蕉和韭蔥就包含這類物質。

被研究得最徹底的益菌生類別或許就是菊糖，也是古代奇瓦瓦沙漠居民飲食中大量含有的物質。**「菊糖」是多醣體（多個較小的醣類分子組成的長鏈，由數個至數十個鍵所連結），可以餵養體內的原生益菌而提供前述的多種效益。**這項物質存在於各式各樣的水果與蔬菜中，但在菊苣根中的濃度最高（我們也從菊苣根提煉出菊糖做爲保健食品與食品添加物）。菊糖也存在於韭蔥、洋蔥、大蒜、牛蒡、蘆筍、未熟香蕉以及其他蔬果中——總計多達三萬六千種植物。

菊糖最佳的飲食來源之一就是一種不起眼的塊莖：菊芋，又名耶路撒冷朝鮮薊。這種不起

6 正如桑內堡夫婦所說：「商店裡整個農產品區都應該立標示牌並貼上『含有益菌生！』的貼紙。」

眼的根莖類蔬菜看起來有點像是結節特別多的薑，金棕色的表皮覆蓋著一節節以預料不到的角度連結的部分。這種充滿活力、長得像馬鈴薯的塊莖，有人喜歡，也有人討厭。**近來菊芋被譽爲有價值的低升糖指數植物，複合式碳水化合物含量高且單一澱粉含量低**。不過，在數十年前，菊芋被當成濟貧配糧、動物飼料的廢棄物，到了一九八〇年代，則成爲生質燃油老鼠會騙局的主角。但對我們而言（更重要的是，對我們體內的微生物而言），菊芋是這種益菌生化合物的豐富來源。菊芋也帶有一種討喜的微甜口感，不論是烘烤、壓泥甚至切片當成沙拉生吃都很美味。

即使不考慮腸道微生物相，菊糖也早就被當成脂肪或糖添加物的低熱量替代品而添加於食品中（有時在產品上的標示是菊苣根萃取物）。正如某個研究小組所說，這些類型的菊糖「具有中性、清爽的味道，可用於提升低脂食品的口感、穩定性及接受度。」如今菊糖也因爲具有益菌生的效能，因而被包裝成「機能性」食品成分。

**菊糖對我們的主要益處之一，就是能促進雙歧桿菌、乳酸桿菌及其他腸道益菌的生長**。一項研究發現額外攝取菊糖（每天十公克，連續一個月）可以降低受試者的旅行者腹瀉。另一項研究發現，每天攝取八公克菊糖有助於青少年吸收更多鈣質。不過，如果攝取過量——尤其是不常吃的人一次吃太多——可能導致放屁和脹氣（微生物發酵的副產品）[7]。

**另一個重要的益菌生就是「果寡糖」，也就是果糖分子鏈。**果寡糖的分子鏈不像某些益菌生那麼長（最多只包含十鍵），因此往往在大腸較前段就分解了。至於市售的萃取物，果寡糖通常以龍舌蘭屬的植物製成，不過，含有菊糖的植物（菊芋、洋蔥、韭蔥等）以及大麥、小麥等穀類也包含果寡糖。而以重量來看，重量級明星的菊苣根約有十五％至二十％是菊糖，五％至十％是果寡糖。這項化合物通常被當成甜味劑（甜度約是蔗糖的三分之一至二分之一）添加於食品中。果寡糖和菊糖一樣，已證實可刺激雙歧桿菌生長。針對果寡糖及菊糖保健食品所做的一項實驗發現，在受試者的飲食中加入這些物質，似乎可以降低發炎標記並對炎症性腸病患者有助益。另一項研究發現，提高這種化合物的攝取量或許也有助於減重。

**「半乳寡糖」是由半乳糖鏈組成，就像果寡糖，通常到大腸下半部時已經有部分分解。**牛奶（來自牛，也來自山羊及綿羊等）含有少量的這種天然化合物，優格中的含量又略高一點。這種化合物的結構與母乳中稱爲人類母乳寡糖的結構類似。但那些添加於食品（例如加在嬰兒配方奶粉）中的半乳寡糖，大多是人工製造（通常有一部分是以製作味噌的眞菌，也就是米麴菌〔*Aspergillus oryzae*〕製成，因爲這種菌會以乳糖爲食）。一項研究發現補充半乳寡糖能增

---

7 「你可以在咖啡裡加幾匙菊糖看看結果會怎樣，」大衛．米爾斯說完會心一笑。「我知道我會怎樣，我會像顆氣球一樣脹得一肚子氣。」不過，身體和微生物會慢慢習慣增加的份量。

加雙歧桿菌並改善炎症性腸病的症狀。另一項研究發現，每天攝取五．五公克半乳寡糖也能減輕旅行者腹瀉。

**在所有複雜龐大的類別中，有一項出人意表的重砲益菌生，就是在許多食物中都能發現的澱粉，包括某些單一碳水化合物食品，如馬鈴薯、白飯甚至是義大利麵。祕訣只有一個：這些食物都必須先煮熟再放涼。**

許多食物都含有多種抗性澱粉，扁豆、玉米和菜豆的含量最高，但在大麥、黑眼豆、米、小麥、玉米粉、燕麥及數種早餐穀片和穀類產品也很常見。未熟的香蕉與芒果也含有抗性澱粉。一般而言，加工步驟愈多——例如將小麥從整顆穀粒磨成麵粉——表示抗性澱粉愈少。

還有所謂的老化抗性澱粉。煮熟的單一澱粉——吸收了水分轉變爲膠狀物質——冷卻及結晶後便形成這種抗性澱粉，而人體的消化酵素無法分解這種物質。這表示這種澱粉能大致保持完整通過腸道，來到我們飢餓的微生物身邊讓牠們享用。就像其他益菌生，抗性澱粉有助於糞便成形，並對腸道帶來其他益處。

由於我們的飲食中包含愈來愈多加工食品，我們必須特別留意，要將這些曾經很常見的化合物納入三餐。爲了確保我們攝取到上述各式各樣的益菌生，營養學家及微生物研究人員都建議我們攝取各種纖維。由於這些益菌纖維的長度與複雜度各有不同，因此會在消化過程的不同階段分解。例如，果寡糖鏈相對較短，因此會相對較快在腸道較高的部位被細菌發酵，而菊糖及抗性澱粉的分子較大，微生物需要更多時間發酵，因此成爲較下方腸道內微生物的食物。只要增加某種類型的纖維攝取量，就會導致腸道內的微生物多樣性降低，因爲能夠特別有效運用該種纖維的微生物最後會排擠掉其他微生物。諷刺的是，雖然如今我們的食物選項達到史無前例的豐富，但我們往往選擇極爲單一的飲食方式（即使沒有診斷出罹患過敏），爲了追求更迅速減重或更清晰的思緒，而拋棄了許多食物或整個食物類別。這種大幅刪減飲食中食物數量及種類的舉動，可能導致日後身體更難重新接受這些食物，部分原因在於我們體內的微生物體已經改變，喪失了分解某些化合物的能力。多樣化不僅僅是生活樂趣，也是腸道良好健康狀態的關鍵。

**如果體內益菌缺乏纖維，這些腸道居民的確還藏了一項祕技。牠們可以開始吃「我們」**——許多微生物在鬧饑荒時，會把複合式碳水化合物組成的腸壁當成食物。不幸的是，這層碳水化合物表層也是保護性黏液層的重要成分，而黏液層可以隔離微生物，避免其進入腸壁、血流或更遠處的體內。

黏液主要由黏蛋白組成，其存在的目的之一就在於維持體內益菌的生存。黏蛋白是腸道分泌的天然化合物，目的在於讓益菌不論情況好壞都能繼續留存下來。人體會不斷補充黏液，但如果環境持續不佳，微生物可能會太積極仰賴這項食物來源。而正如前文提及，腸壁破損可能導致發炎（微生物及食物粒子會經由「腸漏」症狀由腸道進入血流[8]）。這種症狀本身就會有利於致發炎性微生物，導致身體及微生物體進入有害的發炎循環。

正如前文所述，**攝取富含益菌生的食物可以改善腸壁功能。而高脂肪飲食則已證實（至少在動物實驗中證實）會降低黏液層的厚度，這可能是高脂飲食導致長期發炎並造成代謝疾病與相關病症的原因之一**。這種情況在肥胖案例中顯而易見，研究已經發現，肥胖不僅與微生物多樣性降低有關，也與腸道保護性黏液層的厚度變薄有關。因此，如果心有疑慮，就選擇高纖食品吧！

科學家進一步探究纖維對腸道內壁完整性的重要性。密西根大學的微生物學家艾瑞克．馬爾騰斯（Eric Martens）及同事想了解纖維攝取量與黏液的關聯有多複雜。他們以無菌鼠做實驗，給老鼠特定的人類腸道菌，包括某些已知會吃黏蛋白的細菌。其中一組老鼠採取高纖飲食，另一組則採取無纖維飲食，第三組則是每天輪流吃高纖或無纖維飲食——「就跟我們一樣，可能某天不乖吃麥當勞，隔天又吃全穀類食品，」馬爾騰斯說明。無纖維飲食組的「黏液層明顯變薄，」他說。但即使「你每天輪流吃高、低纖飲食，黏液層厚度還是介於中間——這告訴我們，即使你每隔一天吃全纖維食物，還是不足以完全保護自己不被腸道內細菌當成食物，」他說。「你必須每天吃高纖食物才能保持健康的腸道。」

**一旦我們眞的吃含有益菌生纖維的食物，腸道微生物就會產生有助於降低發炎或保護我們避免感染的化合物做爲回報。**這些化合物稱爲代謝產物，是微生物的副產品，也就是微生物在消化我們提供給牠們的食物時，於代謝過程中排出的產物。幸好這些副產品剛好對我們也有益[9]。

這些化合物大多屬於短鏈脂肪酸類別，雖然聽起來不像是你希望自己腸道內會有的東西，但這些物質其實能帶來許多效益，對我們的大腸及其他地方的健康十分重要。其中一項效益就是這些水溶性分子可以輕易被吸收至血流內，輸送到身體各處以供使用，提供重要的能量給體

8 有些細菌也可能將內毒素釋入人體內，這不僅與發炎有關，也與肥胖和胰島素抗性相關。

9 當然，有些副產品並不是太美好，例如腸道細菌工作時產生的甲烷——也就是偶爾的「排氣」——以及二氧化碳和氫氣。但正如大衛・米爾斯先前提到的，身體大多會適應。

內細胞——從大腸細胞到腦細胞。

正如這些化合物的名稱（短鏈脂肪酸）所顯示，它們屬於酸性，有助於降低腸道內的酸鹼值，讓腸道環境對益菌更具吸引力，包括**乳桿菌**及**雙歧桿菌**等，這些細菌都是在酸性環境中壯大，而酸性環境較不適合病原性微生物生存。此外，益菌還會產生更多短鏈脂肪酸，這些化合物也有助於調節腸道內的水分與鈉，促進身體吸收鈣質等重要礦物質。前三大短鏈脂肪酸是乙酸（acetate）、丙酸（propionate）及丁酸（butyrate）[10]。

乙酸尤其是肌肉、大腦及其他組織所需的成分。丙酸則由肝臟吸收，可能有助於降低膽固醇。而丙酸與丁酸也能調節免疫力與腸道功能。丁酸是大腸細胞偏好的食物，有助於這些重要細胞正常生長及增生，根據某篇探討這個主題的論文，丁酸因此「對大腸健康最有助益」。我們稍早提到的抗性澱粉似乎特別容易被代謝成丁酸（經由我們的微生物）——這是丁酸成爲影響腸道健康的重要益菌生的另一個理由。丁酸也是評估微生物相健康狀況以及人體整體健康狀態的指標，因爲微生物相若不健康，這類化合物的產量也會較少。例如，丁酸濃度偏低一直與第二型糖尿病有關。此外，結腸直腸癌患者體內產生丁酸的微生物數量似乎也會減少。

除了上述的健康關聯以外，早期動物實驗也顯示，提供微生物所需的食物、以便牠們製造這些脂肪酸的另一個理由，就是預防食物過敏。正如前文提到，飲食中缺乏益菌生可能導致腸漏，使食物粒子自腸道外漏至血流中而觸發免疫系統警報。研究人員已循著食物過敏的另一條可能途徑，而追溯至微生物體。他們發現容易出現花生過敏的老鼠在接受高纖飲食、培養出強健的短鏈脂肪酸生成微生物相後，就能預防這種食物過敏發作。而相同的實驗鼠若採取較偏向西式的高脂肪、高糖、低纖飲食，對花生出現過敏反應的機率較高。究竟是怎麼回事？原來這些被餵飽的微生物所產生的脂肪酸，會與某些免疫細胞結合，有助於鎮靜免疫系統及緩解發炎反應，進而預防潛在的食物過敏。爲了確認功勞確實屬於這些微生物，研究人員接著只將高纖飲食、有過敏保護力的老鼠體內的微生物相轉移至一群新的無菌鼠體內。果然，這批新老鼠對花生出現過敏反應的機率也降低了。因此，要在一開始預防某些食物過敏發作，或許我們可以先提供更好的食物給體內的微生物。

攝取更多益菌生食物也代表對微生物帶來更大的助益。部分研究已顯示，腸道微生物相每接受十公克益菌生碳水化合物，就有大約三公克的細菌增生，約莫是三兆新生細菌，只因爲每天增加了那十公克的微生物飼料。多吃一些全穀類食品——和放涼的馬鈴薯沙拉似乎是筆不錯的交易。

10 這些化合物或許聽來耳熟，也許來自發酵食品的世界。這是因為在腸道外忙著發酵食品的許多菌種都與腸道內忙著發酵食物的菌種很類似。

因此，說到益菌生，與其想著「打造好益菌生，牠們自然會來」，不如想著「吃下益菌生，牠們就會增殖」——甚至還可能有助於預防各種愈來愈常見的健康問題，而這一切只需要多留意你供應體內微生物的糧食是什麼。

這個模式已經被年復一年、一項又一項的實驗所證實，其中一個驚人的實例來自針對兩組兒童所做的調查：一組住在義大利，另一組住在布吉納法索。研究人員探討這群一至六歲兒童的飲食與生活方式。這群義大利兒童住在佛羅倫斯市，採取相當標準的西式飲食，也就是富含動物性蛋白質、脂肪、糖及單一澱粉。可以想見，他們飲食中的纖維攝取量也偏低，較年幼的兒童每天只攝取約五．五公克纖維，而年紀較大的兒童每天則攝取約八．五公克。而另一組西非國家兒童則來自摩西族（Mossi），住在小鄉村的茅屋裡。研究人員發現，他們的生活方式很可能類似大約一萬年前新石器時代農業革命後的典型人類生活。他們攝取少量動物性蛋白質（偶爾吃一些雞肉或在雨季時吃白蟻）與大量纖維及複合式澱粉，主食包括小米和高粱（煮成粥）、黑眼豆和蔬菜。這些食物的纖維含量幾乎是歐洲兒童每日纖維攝取量的兩倍，較年幼兒童每天攝取約十公克的纖維，而年齡較大兒童的攝取量則比十四公克多一點，雖然可能不及古代成年狩獵採集者的攝取量，但纖維攝取量加倍——尤其在兒童及其免疫與神經系統仍在發育的階段——對體內微生物及未來的健康發展可是大有助益。

研究團隊進一步研究這兩組兒童的腸道菌叢後，發現了明顯的差異。義大利兒童體內的菌叢就是預期中的西方國家模式，厚壁菌比重較高（約六十四％）而擬桿菌比重低（約二十二％）。但布吉納法索兒童體內的微生物體分布則相反，有大量的擬桿菌（約五十八％）及數量較少的厚壁菌（約二十七％）。更值得留意的是每組兒童體內存在與不存在的某些細菌。摩西族兒童體內有**普雷沃氏菌**、**螺旋菌**（*Treponema*）及**木聚糖菌**（*Xylanibacter*）等菌種——但在歐洲兒童體內則沒有發現以上菌種。這些細菌含有大量可有效分解堅硬益菌生化合物的基因，在高植物攝取量的人體內都能發現。而另一方面，歐洲兒童體內壞菌的密度則可能較高。

另一個關於微生物體力量的明顯觀察結果，在於兒童飲食中的熱量。研究人員仔細挑選了各方面發育狀況都符合年齡平均值的健康兒童，雖然體重相當，布吉納法索兒童每天攝取的熱量大約只有義大利組的三分之二。「飲食是塑造微生物相的重要因素」，作者寫道。而「這三種菌屬的存在，可能就是高纖維攝取量的結果，能讓身體從吃下的植物多醣體中吸收到最大量的代謝能量。」因此，多虧了他們體內的**普雷沃氏菌**、**螺旋菌**及**木聚糖菌**，布吉納法索的這些兒童才能從以植物爲主的飲食中攝取到更多能量，因而每天可以攝取較低的熱量。

此外，布吉納法索兒童的糞便樣本中也包含了明顯較多的短鏈脂肪酸，包括比義大利兒童多出近四倍的有益丁酸與丙酸，原因可能在於有合適的微生物製造這些產物以及高纖飲食。正如作者群所述，「全穀類富含膳食纖維、抗性澱粉及果寡糖，以及不易消化因而可直達小腸的碳水化合物，可以在腸道發酵產生短鏈脂肪酸。」

除了摩西族兒童體內的微生物帶來的健康效益以外，這項研究也發現了西方生活方式潛藏的危險。「微生物簡化可能帶來的風險是，我們的微生物基因池中能幫助我們適應的潛在有益環境基因庫也會因此減少，」作者群表示。「我們學到的教訓，」他們接著說，「證明了必須從飲食全球化影響較不明顯的區域採樣，並保存微生物的生物多樣性。」這些重要的微生物不僅從我們個人體內消失，也在全球各地消失了。

當然，這項研究結果並不代表我們應該全部回到雨林吃白蟻，但仍讓我們清楚知道自己的飲食與生活方式已經有多大的改變——以及這些改變對我們腸道內肉眼看不見的世界造成的影響，而我們才剛開始明白這些改變對健康的長遠影響。

並非所有改變都在近幾個世紀發生，二十世紀重大的公共衛生成就之一，就是清除了糧食中的多數潛藏病原體。這是一項莫大的成就，能讓人類免於受汙染的牛奶或長滿肉毒桿菌的肉類而發生急性——有時致命的——食物感染疾病。但加熱、消毒和食品加工也消滅了幾千年來隨著每一口食物進入人體的許多益菌及無害菌。

## 益生菌並非治病萬靈丹

了解體內原生菌及其喜愛食物的相關知識後，該來探討益生菌迷人又神祕的世界了——以及包含益生菌的冒泡、特殊發酵食品。益生菌是泡菜、克菲爾發酵乳及康普茶裡的微小居民。我們希望這些微生物能在通過消化道時帶來健康效益，並透過發酵過程培養這些微生物。

透過發酵來轉變食物的方法，基本原理就在於激活重生。在安全的罐頭製造技術問世及冷藏技術普及之前，食物可以透過風乾、鹽漬、醋漬或發酵來保存，人類通常利用這個方法來確保在糧食稀少時期仍有充足的熱量與養分。當然，發酵在現代已不只是延長食物保存期的方法，也能爲料理帶來新的風味、口感和效益，當然也對健康有益。

但在我們進一步討論之前，還有一個重點必須釐清。嚴格說來，並非所有的發酵產物都有益健康，很遺憾的，這是事實。首先，即使酸麵包是以驚人的豐富活酵種製成（又稱爲細菌與酵母共生菌落[11]），啤酒是以酵母製成，也不表示這些微生物經過科學證實對人體有益，或仍能在完成加工、經銷的產品中——更別提進入人體腸道後——存活。以腸道微生物體而言，我們主要關注的是在烹調、加工及消化過程中**確實能**存活的微生物[12]，牠們想必也具有效益。嚴格說來，微生物必須能提供人體一定程度的效益才可視爲益生菌。

有些益生菌過去擁有豐功偉業，有助於改善特定病症，例如抗生素相關的腹瀉，其他益生菌則可能對各種病症有效。但並非每種菌株都有助於改善每種病症，這種期望可能導致幻滅。「益生菌幾乎已經成了傳統醫學令人尷尬的親戚」，科克大學微生物學家柯林．西爾說。「益生菌已經被過度誇大、過度行銷。」這導致民眾對益生菌產生各種迥異的感受。「如今消費者要不是認爲益生菌是萬靈丹，就認爲根本是噱頭。」不過，這點已經有所轉變——但過程很緩慢，他說。愈來愈多人開始了解益生菌作用的細微差別。

問題之一在於我們談論益生菌的方式，不論是「萬靈丹」或是「治頭痛良藥」都是可笑的說法。你或許想知道究竟是哪種藥丸有效，應該服用多少顆，多久服用一次。也許你會服用不同藥丸來治療相同病症——或同一種藥丸就能治療不同病症——但基本上你不會想吃止痛消炎藥來治癌症，或吃化療藥物來治頭痛。然而，消費者甚至是醫師卻用這種態度來看待益生菌，而不太考慮菌種、菌株或劑量。雖然益生菌大多不像許多藥物具有風險，例如可能有適應症錯誤或劑量錯誤之虞，但每種益生菌的作用確實極爲不同。這又回到分類的差異，一群野豬和一大群寵物倉鼠對同一個環境（比如說你的客廳）的影響會大不相同。光是細菌就包含了一整個**域**的生命，因此我們就像在討論蔓綠絨與美洲獅之間的潛在行爲差異，甚至還沒將眞菌包含在內——如果要從更廣的角度來看，還有寄生蟲。

「我認爲益生菌的確具有健康效益。」西爾說。只是我們必須改變對益生菌的想法，不要再把萬能的益生菌視爲萬靈丹，而應該開始把牠們當成各種不同的個別生物，因爲事實就是如此。爲了保險起見，我們必須做更多研究來爬梳許多菌種（與菌株）及其在特定情況中的特定影響。

## 發酵食物能補充腸道基因庫

我們可以透過數種方式刻意攝取這些有益的微生物過客，有製成保健食品形式的獨立分離

---

11 譯註：細菌與酵母共生菌落的英文是Symbiotic colony of bacteria and yeast，簡稱SCOBY。

12 不過，細菌有不同的生命光譜。有些細菌很有活力，可以輕鬆繁殖（在市售食品及保健食品中以菌落形成單位（CFU）為計量單位）。有些細菌則雖然活著，但活力程度尚不足以使其繁殖。還有一些細菌看似已經死亡，但也可能是因為我們無法找到合適的環境使其復活，正如愛爾蘭科克大學的微生物學家柯林．西爾（Colin Hill）所解釋。因此他至少會避免清楚分類——「『生命』是一個模糊的用詞」，他說。而讓情況更具爭議的是，某些科學家認為微生物根本不需要活著也能對我們產生影響。理論上，只要微生物的外殼（表面有一層特殊形態的蛋白質）進入體內，就能啓動來自其他微生物或免疫系統的某些信號。正如艾瑞克．馬爾騰斯解釋，在細菌細胞通過時，不論其是死是活，都可能「為宿主的免疫系統帶來潛在效益——尤其在胃腸道較下方……例如，即使吃下存在於優格等食物中的大量已死亡乳桿菌，只要這些『乳桿菌』的細胞壁產物接觸到受器，啓動了有益的免疫途徑而非發炎途徑，就可能帶來效益。」因此他表示，「即使吃已死亡的細菌也可能有益。」的確，雀巢公司所做的研究顯示，他們獨家擁有的其中一種菌株，即使死亡後仍能有效刺激免疫系統。

菌株或綜合菌株，也有添加益菌的食物，例如益生菌優格，還有爲了保存更久、味道更好或更營養而刻意發酵的食物。透過上述途徑都可以爲我們的腸道找到各式各樣的微生物拼盤——有時也包括有益的益菌生。

人工製造的高微生物含量產品並不像傳統發酵產品一般多元，即使在品項齊全的健康食品店內，也可能只有區區幾個不同種類。許多「益生菌」優格只添加了兩種菌株（不過有些則有十幾種以上）。但在我們腸道熱鬧的微生物大都會裡，兩個菌群——甚至十幾個菌群——又有什麼差別？

不過，在自然發酵食品中，細菌與眞菌的種類通常就豐富得多。這並不表示牠們較可能在腸道內定居或發揮功用，但的確表示我們有更多機會接受不同——而且可能有益——的影響。

「我深信所有發酵食品——和其中的微生物生態系——都對你有益處，因爲我們應該用各種益菌不斷教育我們的免疫系統，」加州大學戴維斯分校從事微生物、食品與衛生研究的微生物學家大衛．米爾斯表示。我們的飲食中應持續包含微生物。「我非常贊成攝取各種益菌，」他說。「你的免疫系統會因此進化。」畢竟，相較於如今多數人生活的不自然乾淨世界，人類大多時候都生活在一個微生物豐富得多（也就是比較骯髒）的世界。

「我認爲對於某些健康問題——尤其是腸道相關疾病，光是攝取活的微生物，或許就能帶來明顯的效益，」米爾斯說。「我們已經演化爲可以接觸許多細菌——我猜想甚至在發酵技術問世之前就如此，因爲當時食物不會清潔到如今這種程度，」他說。「或許我們的免疫系統已經演化爲會預期接觸到大量微生物——並加以過濾，以確保偵測到危險或回應飲食的適當變化，」他說。「我們已經演化爲可以吃下大量活生物，但我們現在卻吃得不夠多。」

柯林·西爾甚至還提議，飲食建議中應該包含每日微生物攝取量。「我並不反對加工食品，但我認爲似乎有愈來愈多證據顯示，加工食品就是會喪失許多活菌。」他說這些細菌就是我們已經演化的身體所期待的東西。

當然，我們不會將整個食物鏈恢復成巴斯德時代以前的型態，我們還是希望維持牛奶裡沒有傷寒菌，牛肉、香腸和肉乾裡沒有肉毒桿菌的狀態。「顯然我們需要適當消除食物中的致病生物，」西爾說。「我們不能讓人隨便接觸大量微生物，而必須慎選。」他說。當然，要做到這點的方法之一，就是吃發酵過的食物爲身體提供各種無害的微生物。

科學家已經發現，飲食不只是爲微生物過客或體內原生菌叢提供食物，還可能有更深層的意義。飲食其實可以改變我們體內微生物體的基因狀態，原因在於細菌與遺傳密碼的關係比人類鬆散得多。我們可以說細菌在基因上雜交，會與鄰居交換一點遺傳密碼（不像在人類世界可能引發諸多尷尬），嘗試不同的特徵。需要消化腸道黏液的能力嗎？也許那邊那個兄弟有那種遺傳密碼。你的宿主吃了雙倍劑量的制酸劑，你正在設法生存下去嗎？去問問剛剛漂過去的那批新來細菌吧！你看——老細菌有了新把戲[13]。將這種傾向與細菌迅速複製的特性結合，就有了如同某位科學家對我說的「投機的過客」。提倡活性發酵食品的一些人甚至援引這個原理，主張應持續攝取新的微生物——及其基因，來補充腸道的共有基因庫。

日式飲食在某方面已經改變了當地人體內的微生物體，便是這種細菌基因交換的絕佳實例，也就是海藻。多數人類及其體內的共生微生物都無法消化海藻中一種常見的碳水化合物。然而，數千年來日本民族已發展出這種能力——這都要歸功於他們共有的微生物。他們的腸道內存在一種擬桿菌屬細菌（*Bacteroides plebeius*），能產生酵素分解這種當地常見的食材，並讓宿主從中獲得額外的營養。這種情況當然很好，但令人好奇的是負責製造這種有用酵素的基因並非這類細菌的原生基因。這段重要的遺傳密碼其實來自一種生活在野生海藻中（並以海藻爲食）且毫不相關的海洋微生物*Zobellia galactanivorans*。這種從海藻攝取額外養分的能力實在太有用了，因此人類腸道細菌便借用這段遺傳密碼，編入自己的鹼基對中——讓覺得這個功能有用的細菌及人類能代代相傳。這又成爲鼓勵我們攝取含有活躍微生物的食物的另一個理由，畢竟你永遠不知道體內的微生物體可能學到什麼有用的遺傳招數。

## 善用共生質的力量

科學家先發現益生菌又發現益菌生後，覺得（以及食品及保健食品業者）很好奇，如果能同時運用這兩類食物的力量，會有什麼結果，於是共生質[14]便問世了，這些食品能同時提供益菌及這些細菌可能喜歡的食物。

但就像這個領域中許多方面的情況，一點細微差異往往會遭到忽略——不論是有意或無心。就像你不能在任何一種交通工具——汽車、飛機或太空梭——隨意加入任何一種燃料，也不是所有種類的益菌生都對所有種類的益菌「有效」。因此對能夠消化果寡糖的**雙歧桿菌**菌株使用果寡糖，便符合共生的條件，因爲果寡糖可以促進**雙歧桿菌**生長。相反地，對不吃果寡糖的**乾酪乳桿菌**（*Lactobacillus casei*）菌株使用果寡糖便不算共生。不過，其實不必計較這些細節，因爲許多自然發酵食品如泡菜和德國酸菜已經是共生質了。

---

13 不過這種能力也是抗藥性菌株以令人憂心的速度崛起的原因。如果某種微生物出現基因突變，能夠抵擋抗生素的攻擊，該種微生物可以輕易將這種遺傳密碼散布給其他微生物（有時是有害微生物），賦予牠們這些可疑的超能力。

14 共生質的英文為synbiotics，其中的syn取協同作用（synergism）之意。

正如許多科學家所下的結論，飲食中的這些元素都會改變平衡狀態、提高機率。當然，益生菌的效果短暫，而益菌生也只能增加腸道內既有微生物的種類。但即使在這種有限的背景下，似乎仍是利遠大於弊。

說到腸道，我們應該調整自己的想法，不應該想成是栽種作物——甚至是種菜——而應該想成是培養一個我們尚未完全理解或解讀的高度多元化複雜生態系統，我們必須培養出專屬於自己的野生叢林。

而答案想必不在益生菌優格塑膠杯或冰箱裡的那罐膠囊中，我們應該做的是深入研究自己的文化，因爲從前的人常吃發酵食品及攝取大量纖維。光是調整飲食的幾個方面就能治癒慢性疾病或從根本預防，這點值得懷疑。但進一步了解食物如何滋養我們及體內的微生物後，我們會更明白在以微生物爲媒介的情況下，吃東西這個行爲對自身健康有何影響。數千年來料理界的嘗試錯誤及飲食微調不可能毫無意義，我們祖先的料理受到許多其他外力所侷限——包括氣候、生態、當地技術等——也受到我們自身的營養需求所影響。但這些祖傳料理一定具有**某種效果**，能同時滋養一個繁盛的微生物體，否則我們早就滅絕了。直到近期，我們對體內微生物體的深度、重要性甚至其存在都一無所知。但身爲一個存在的物種，我們想必已經發展出豐富且多元的方式餵養體內的微生物體。

現在我們該來（重新）學習如何餵養微生物了。

最有效——也最享受——的方法就是一頭栽進生動又驚人的微生物料理世界，包括古老、奇特甚至是先進的料理。而做這件事的最佳場所就是從源頭開始，亦即這些食物問世、流行並在世代傳承中精進的原產地。這些地方依舊沿用古法製作這些食物，與商業化加工仿製品進入店家之前採用的製作方法大致相同。這些地方的食物依舊天然、不潔、效果強大且迷人地變化多端。**這些地方包括希臘的高山村落、首爾的都會餐廳、日本具有七百年歷史的味噌公司，以及瑞士某個散發霉味的乳酪地窖**。而過程中有能豐富微生物的當地料理可以享用（及消化），可以向傳統料理的廚師學習，還有從事先進研究的科學家可以請教。透過烹飪以及探討最新的微生物體科學，你可以將這些發現帶回自家餐桌上——也帶進你的腸道裡。

# Chapter 4
# 典型發酵品：乳製品

用優格這個詞來指稱這類產品時，
犯了過度簡化的錯誤。
這種食品的種類多元又豐富，
都稱為優格，就像是把所有烘焙食品都稱為麵包。

Quintessential Culture: Dairy

在目前常見的益生菌食品中，有一項遠比其他食品更龐大，那就是優格。數十年來，許多優格小品牌用曖昧不明的語氣談自家的活性有效培養菌，用小號字體印刷的謎樣廣告，對於尋找健康食品的次文化族群，悄悄地宣傳令人難懂的角色：**嗜酸乳桿菌**（*Lactobacillus acidophilus*）、**保加利亞乳桿菌**、**嗜熱鏈球菌**，彷彿用咒語召喚某種看不見的暗黑魔法。

自二〇〇〇年代初期後，隨著科學揭開微生物的神祕面紗及其與健康的關聯後，各大廠牌便將這種便利的點心食品當成行銷王牌[1]。

不過，早在日間電視廣告開始播映前，甚至在一九七〇年代那些老土的健康食品商店出現之前，優格的健康效益就已經存在。事實上，優格的健康相關知識帶動了整個益生菌的科學研究。從斯堪地那維亞到中東再到印度次大陸，全球各地的文化裡都有優格的起源故事及民俗療法。波斯傳說中，亞伯拉罕之所以格外長壽（享壽一百七十五歲）且生育能力強（有十四個兒子），主要歸功於他常吃優格[2]。而在十九世紀的東歐，一位知名的科學家首度發現這種不起眼的乳製品，在當地稱為酸奶。

## 東歐長壽者經常喝發酵乳

故事要從一位名叫埃黎耶・梅契尼可夫、聰明的俄羅斯大鬍子科學家說起。在他的眾多發現之中，有一項影響了我們一個多世紀以來的飲食習慣。他發現保加利亞農民擁有他以及全世界的人都想要的東西：長壽。身爲一名受過訓練的生物學家，他將敏銳的觀察力集中在這些農民的生活方式與飲食上，最後聚焦於他們常飲用發酵乳。

梅契尼可夫出生於現今的烏克蘭，早期的科學研究生涯都在探索毫不吸引人的線蟲動物。到了三十多歲，他轉而關注免疫系統。一八八八年，他來到巴黎，在路易・巴斯德知名的研究所，替巴斯德工作。梅契尼可夫在這裡奠定的基礎，引領他在未來發現一種新的免疫細胞，也就是吞噬細胞，因而獲得諾貝爾獎。不過，他後來再次轉變研究重心，這一次轉向了老化與長壽[3]。

他發現東歐某些地區雖然生活環境極爲簡陋，但百年人瑞（大約是當時歐洲及美國出生時平均預期壽命的兩倍）的人數特別多。而他最感興趣的地方，就是當地人時常飲用他們所謂的

---

1 自此之後，某些業者因為過於「誇大」健康效益而付出財務上的代價：法國乳製品公司達能（Dannon）因過度誇大自家優格產品Activia的健康效益，而花費數千萬美元達成官司和解。

2 這個說法或許並非毫無依據。幾年前，科學家探討優格對肥胖的效果時有了意外的發現，就是吃優格的雄鼠睪丸明顯較大，且能夠較迅速讓雌鼠受孕。哈佛研究團隊目前正在研究優格對人類是否可能具有類似效果。

3 老年病學（gerontology）一詞就是由他所創。

酸奶。

梅契尼可夫根據他的研究，認爲累積在大腸（雖然他並不完全具有先見之明，但他將這個器官稱爲「退化的化糞池」）內的壞菌會加速老化的過程。他的想法是，這些細菌會釋放毒素進入人體，毒素會導致身體的免疫細胞攻擊健康的人體組織——從大腦的神經細胞（造成老化）到頭髮的色素生成細胞（產生白髮）。這個概念與「自體中毒」這個古老（且流傳得格外久遠）的觀念相符，也就是累積在大腸的廢棄物會從體內毒害身體，造成頭痛到歇斯底里等健康問題。這個很普遍的想法一直延續至二十世紀，促成了如同某位研究人員所說的各種「大腸騙術」[4]。

但梅契尼可夫認爲乳酸菌或許能中和上述的負面影響，例如在保加利亞乳製品中發現的那些乳酸菌，因此可以延年益壽。他知道發酵乳產品中的乳酸菌可以產生降低酸鹼値的乳酸，預防所謂的腐敗微生物增生。他分離出一種極可能是關鍵因素的生物體，就是「**保加利亞乳桿菌**」[5]——如今稱爲**戴白氏乳桿菌保加利亞亞種**（*Lactobacillus delbrueckii subspecies bulgaricus*，有時食品標籤上簡稱**保加利亞菌**）——他認爲這種菌會在腸道內定居，創造酸性環境導致那些他認爲有毒的細菌無法生存，因而驅逐這些壞菌。由於他對此深信不疑，因此開始每天飲用含有這種培養菌的牛奶[6]。不久後，其他醫生也加入他的行列，他們開始爲患者開立酸奶飲食處方。

梅契尼可夫的創新想法影響格外深遠。他在一九〇七年寫道：「腸道微生物對食物的依賴使其能設法改變我們體內的菌叢，以益菌取代壞菌。」只可惜後文提到他的優格微生物其實並未在腸道內定居。不過，他提出特定微生物在腸道內帶來潛在效益的理論，仍帶動了益生菌的探索及微生物體的研究。他在一九〇七年出版的著作《延年益壽：樂觀的研究》在接下來的數十年於全球宣揚了優格的健康效益[7]。時至今日，優格行銷術語仍源自這項健康價值觀。

然而，在美國歷史初期，優格並不像如今是熱銷商品，只在移民社群內被當成特殊食品，

---

4 還有隨之而來的許多大腸灌洗產品銷售，甚至還有某些十分激進的手術將大腸整個切除。個人現身說法顯然十分具有說服力，科學的說服力反而較低。

5 這種細菌在一九〇五年由保加利亞微生物學家賽德蒙・格里戈羅夫（Stamen Grigorov）首次分離而出，這位微生物學家後來使用能產生盤尼西林的真菌進一步研發出肺結核疫苗。

6 只可惜他並未加入百歲人瑞陣營，不過他的確活得比當時的預期壽命還長（雖然他曾在兩任妻子染病過世後兩度自殺未遂）；他於一九一六年因心臟衰竭辭世，享壽七十一歲。

7 梅契尼可夫的觀點一直延續到至少二十世紀中葉。正如《烹飪之樂》（*Joy of Cooking*）作者厄爾瑪・隆鮑爾（Irma Rombauer）及瑪麗安・隆鮑爾・貝克（Marion Rombauer Becker）寫道：「某些阿拉伯、保加利亞及東方民族的長壽，通常歸因於他們飲用酸奶及發酵奶。這些乳品中的益菌會停留在腸道內。」

與其他家鄉味產品一同默默販售。多虧了梅契尼可夫的著作，在二十世紀初期，優格逐漸在邊緣醫療圈[8]被當成一種療法，但優格尚未在市場上擁有一席之地。然而，大約在此時，在大西洋的另一邊，一位名叫丹尼爾・卡拉索（Daniel Carasso）的年輕人，也就是一位優格製造商之子，從西班牙前往法國攻讀商學。這位年輕企業家後來在巴斯德研究院（Pasteur Institute）修了細菌學。學成後他接管父親創立的公司，也就是以丹尼爾的小名爲公司名的達能集團（Danone）。後來這個家族被納粹逐出歐洲，丹尼爾便移民到美國。他到了美國後與兩位合夥人收購了紐約市一間希臘優格小工廠，並將公司名改爲較美國風的「Dannon」。

起初，他們的產品並沒有成爲熱賣的主流商品。消費者主要爲希臘、土耳其或中東移民，他們熟悉的是味道強烈的產品。爲了打響名聲，這群商人請來紐約市一家廣告公司幫忙。後來他們雖然出了名，卻不是他們原本期望的那種。根據公司傳說，優格迅速成爲大家開玩笑的對象[9]。但有兩件事改變了這一切，就是《讀者文摘》（*Reader's Digest*）和水果。

一九四七年，酸味食品依舊無法廣受紐約客青睞。創辦人想出了將草莓蜜餞加入罐內的主意，不但可以讓優格變甜，賣相也更好，銷售量開始增加。一九五〇年，《讀者文摘》從即將出版的新書《看起來更年輕，活得更長壽》（*Look Younger, Live Longer*）摘錄了一段文字。作者及健康食品狂熱者蓋羅德・豪瑟（Gayelord Hauser）在書中將優格譽爲「各種美好食物中的

『必需品』。」這種（如今有甜味）的食品很快便成爲常見的美式點心。卡拉索最後以一名成功商人的身分搬回歐洲。我們不確定是不是優格的功效，但小名達能的丹尼爾的確很長壽，他親眼見證了公司飛黃騰達，直到二〇〇九年才辭世——享年一〇三歲。

現今隨著消費者的偏好改變，優格製造商推出各式各樣的商品，從綜合水果口味到可用湯匙吃、即飲式等不同質地的各種口味——然後又回到原味、味道強烈和質地較硬的優格。如今筆者住家附近的當地超市乳製品貨架上，擺了一整排超過一百英尺長的優格產品，就北半球而言這種情況並不罕見；優格如今光是在北美的產值就高達六十七億美元，都要多虧梅契尼可夫以及一位小名叫達能的男孩。

## 市售和自製優格大不同

如果少了一些小到看不見的材料，優格就不算優格了，這些材料就是組成培養菌的微生

---

8 知名的胸腔病院主任（及早餐玉米片發明人）約翰・哈維・家樂（John Harvey Kellogg）便深深迷戀這項物質。他堅信腸道是多數疾病的根源，這個想法與梅契尼可夫的有毒菌與保護菌的想法不謀而合。家樂讓他的多數病患定期接受大腸清洗（透過極端的大量給水與灌腸），目標在於從消化道的兩端以優格內的細菌取代腸道微生物群。

9 某位創始人一再講述的一則笑話是：「有個笑話是說九十七歲的女人死了，但她的寶寶活了下來。」

物。典型的優格不像酸黃瓜等許多發酵食品會自動發酵，需要添加特定的微生物培養菌。我們印象中的優格主要歸功於兩種辛勤工作的細菌：**嗜熱鏈球菌**與**保加利亞乳桿菌**。

要製作優格，首先必須準備能讓微生物繁衍的基底。先將牛奶加熱以改變蛋白質結構，同時也殺死牛奶中的其他微生物，避免其與接下來要加入的優格菌競爭。接著加入培養菌，給牠們時間繁殖。最終的優格就是細菌代謝過程的產物，因爲細菌吃了牛奶中的化合物，就會產生酸性物質副產品。還記得我們腸道細菌產生的這種有益酸性物質嗎？相同原則也適用於這裡——以及多數發酵食品。

在優格中，**嗜熱鏈球菌**與**保加利亞乳桿菌**共同合作，讓這個格外微妙的過程順利且迅速進行。**嗜熱鏈球菌**在這兩種微生物中較不挑剔，率先迅速生長，進而刺激了**保加利亞乳桿菌**增生。隨著酸鹼值下降，**嗜熱鏈球菌**也逐漸喪失優勢，改由**保加利亞乳桿菌**取得主導地位，控制了發酵的最後階段。等到優格達到理想的口感與質感，就必須冷卻以避免進一步發酵與變酸。

如果製作優格實際上只需要兩種細菌，爲何各家品牌要宣傳四種、八種或十多種「有效活菌」？這些標籤印滿了其他謎樣的斜體名稱，例如**鼠李糖乳桿菌**（*Lactobacillus rhamnosus*）以及**雙叉雙歧桿菌**（*Bifidobacterium bifidum*）。這些細菌與優格的實際製作過程並無太大關聯，通常是爲了提高市場性與健康效益才事後添加。優格甚至可以在發酵後加熱殺菌，接著再注入公司可能想添加的任何微生物。優格成了益菌的某種液態載體，不論這些益菌在優格的實際製作過程中有何作用。以最嚴格的定義而言，標準的優格——即使有完整的活性培養菌叢——也不一定具有益生菌的功用。**保加利亞乳桿菌**與**嗜熱鏈球菌**屬於發酵酵種，而非所謂的益生菌。無論如何，微生物必須分析到個別菌株的程度才能證明爲益生菌，但通常「益生菌」產品的標示都不會提供這麼詳細的資訊。

撇開嚴格定義不談，主要工作的**保加利亞乳桿菌**和**嗜熱鏈球菌**已證實會將自己的乳糖消化酵素提供給消費者。這種額外的效益可以幫助對乳糖敏感的人消化這種化合物並促進消化，甚至可能幫助某些人更容易消化乳製品的營養，進而從飲食中吸收更多鈣質。這些細菌即使在進入人體以前，就已經開始消耗牛奶中的乳糖，使優格中的乳糖含量降低了大約二十%至三十%。優格中的某些細菌也會增加葉酸、菸鹼酸、維生素$B_2$及乳製品中包含的其他有益化合物含量。不只對消化道有益，這些微生物及優格其實可能也對全身有益。

起初優格並不只是加溫殺菌牛奶與特定細菌的無汙染組合。如今市售優格都在龐大乾淨的工廠內製造，牛奶的溫度和成分都經過仔細控制，並在最恰當的時間點加入明確的菌株。但優格——當然還有保加利亞人的酸奶——並非一直都以這種方式製造，而是和多數發酵乳製品一樣透過「接種發酵」（backslopping）[10]這種已知不太吸引人的方式製成。

這個方法是指將前一批優格保存一小部分，加入新一批的加熱牛奶中，因此產生連鎖發酵反應，讓菌叢在其中增生。在地及家庭自製優格目前仍常以這種方法製作，例如在亞美尼亞與喬治亞，當地的優格又稱爲matzoon，以牛奶、水牛奶、山羊奶或綿羊奶製成。許多地方仍利用前一批優格以接種發酵法製作新優格。在蒙古，名爲tarag的發酵奶就是用前一批新鮮牛奶接種發酵製成，讓這種發酵奶具有豐富的微生物成分[11]。從近距離的角度來看，許多家庭都是用這種方法自製優格。他們加入一點市售優格的有效活培養菌（愈多愈好）到溫牛奶中，讓培養菌開始增殖，接著就可以享受自製酸奶——當然要保存一點做爲下一批的酵種。

## 前往優格聖地

爲了考量優格在科學及傳統上的各種細微差異，眞正了解這個生氣勃勃且與我們密切相關的世界，也就是最原始的益生菌食品，我踏上了旅程，前往現代優格聖地——希臘。

在希臘，優格充斥在各種料理及食品文化中，除非來到這裡與當地人一起用餐，否則很難欣賞到這點。街上販賣的希臘捲餅（gyros）便是塗上以優格爲基底的黃瓜優格醬（tzatziki）。

而在雅典衛城的陰影中，一間時髦的雅典店面販售杯裝原味優格，讓顧客自選配料，經典的蜂蜜胡桃口味是完美的搭配。我在一家小島民宿吃到傳統的自製優格百匯早餐，裡頭包含了一層層富含纖維的燕麥麩、肉桂及蜂蜜。甚至有人說「**奶與蜜之地**」這句話其實應該是「**酸奶與蜜之地**」。

如今希臘人所吃的優格大多由大廠牌製造，產品及發酵菌株都經過標準化的嚴格控管。但在鄉村，有許多家庭仍仰賴當地小廠甚至自製的優格。就是這趟追尋自製優格發酵品之旅，讓我在某天清晨坐上並排停在我住的雅典飯店門口、由一名高大熱情的希臘男子所開的車。

這名等著我的男子名叫喬治，他的穿著無可挑剔，說著一口流利英語。兩名探討傳統希臘食品以尋找新微生物的當地研究員安排我們會面。喬治和他的家人都從事乳酪製造業（在希臘是指菲達乳酪[12]），但這家人的好友狄米崔（Demetrius）則以生產優格爲業。由於這個微小的關聯，他開著車進入雅典市早晨尖峰時間的車陣，帶著我們踏上旅程。

---

10 譯註：引取前批釀液來發酵。

11 研究人員從十七件tarag 樣本中發現四十七種不同的細菌屬及四十三種不同的真菌屬——遠多於市售優格中的少數幾種菌種。

12 譯註：feta（菲達乳酪）產自希臘，傳統以綿羊奶製成，現在則改用牛奶製作。這種乳酪外型呈現白色，堅實而易碎，且味道強烈，帶有鹹味。

在我們離開市中心開上古希臘馬拉松市路線的途中，喬治說明希臘的阿提卡區（Attica）雖然位於繁忙的首都雅典，但這個國家的酪農也大多來自這個地方。他們生產的產品有些是鮮乳，有些則製成乳酪，但主要都用於製造國內的優格。

隨著這條著名的道路向前延伸，綿延不絕的山丘上四處散落著毫無規畫的聚落——輪胎店、沙龍、麵包店——我們隨著隆隆的引擎聲逐漸接近過去與現代的交會地，也就是希臘的馬拉松市。這裡除了有奧運的傳說以外，還有一項比較沒那麼出名的偉大事蹟至今仍每天上演：傳統希臘優格的發明。

我們的目的地是一間可能會被誤認爲又是一家麵包店或市集的獨立經營商店。這家店斜對著大馬路，外表看不太出來它的完整功用。我們在店外與狄米崔見面，他是個健壯結實、態度友善的年輕人。他的雙親在一九七四年創立了這家地方優格店：達芙妮[13]。狄米崔的父親是老闆，母親則負責經營店面。一踏進這家簡樸商店的店門，就可以聞到發酵奶的味道，一種帶有甜味、潮濕但又不至於讓人不舒服的氣味。這家店看起來像是布魯克林區外圍的老式冰淇淋店或麵包店，牆壁和天花板都有白色鑲板，以牧羊人的曲柄杖和提桶來裝飾，一方面當成裝飾品，一方面也表明他們的產品爲當地生產。店內有兩張鋪著塑膠桌巾的簡樸桌子和幾張椅子。在原本以爲會看到糕點的玻璃展示櫃裡，擺了一排排的塑膠杯裝優格和一盤盤盛滿新鮮優格的赤陶盤——這是這種產品傳統的熟成法與銷售方式（在當地與全球許多國家皆如此）。而收銀機旁擺的並非咖啡廳常見的吸管與糖包，而是試吃用的塑膠小湯匙與小包裝蜂蜜。

店裡一道單調的側門就是通往優格工廠的入口。幾個人——包括狄米崔年邁的父親喬治歐斯——負責從遞送溫羊奶到冷卻優格的整個製作過程。這個陳舊的空間裡擺滿了老式攪拌機、集乳桶以及一排排的赤陶壺。

製程的第一步就是從當地綿羊身上集乳。在希臘——以及全球許多地區——**乳品**指的並不是牛乳，而是來自綿羊、山羊，甚至是馬匹、駱駝或是水牛（如果真的有，也是一份嚴肅的集乳工作）——基本上，就是能在當地環境中大量繁殖的大型草食性哺乳類家畜的乳汁。例如，在希臘崎嶇的地形中，牛隻無法好好進食，但山羊和綿羊則能繁盛興旺。達芙妮的本土乳源就是在這間工廠方圓十二英里內的山丘上漫步的綿羊群。這時是產乳的淡季期間——全年其他時候的乳源範圍則更小。

下一步就是備妥羊乳。我們抵達時，當地一家酪農剛送來的羊乳正在一個廣口大缸內加熱，整間工廠變得悶熱且潮濕。加熱的步驟具有對許多發酵乳製品而言都很常見的兩個目的：

---

13 Daphne。在奧維德的《變形記》中，希臘神話角色達芙妮便以她的變形而聞名。店名取得十分恰當。

軟化蛋白質結構以產生更濃稠的成品，而且能殺死潛在有害細菌，同時爲微生物清場，以便導入的培養菌施展魔力。

接下來優格業者會讓乳品略爲冷卻，在熱烘烘的攝氏四十五度中靜置約三小時，才會加入取自前一天優格的酵種，這就是流傳久遠的古法：接種發酵。優格需要兩個半至三小時熟成，接著冷卻一天以減緩發酵過程，最後才能食用。

達芙妮的培養菌與如今全球各地的優格中發現的菌種相同，就是**保加利亞菌**與**嗜熱鏈球菌**，只不過他們的培養菌並非來自實驗室的冷凍乾燥添加物。我問他們從哪裡取得自己的培養菌株，狄米崔只簡單回答「從另一種優格。」我繼續追問**那個**優格的培養菌來源，他只能回答「要追溯到好久好久以前。」所以他們使用的究竟是哪種菌株已經是個謎了。希臘各地「有成千上萬種菌株」，狄米崔說。雖然大學研究員盡力蒐集、分類和研究種類繁多的微生物——來源從歐陸高山到希臘小島——但這個工作十分龐大。不論達芙妮的優格裡是哪種祖傳微生物在作用，他們都知道該怎麼做，也運作得很好，這些微生物相互合作消化羊乳中的乳糖，產生的乳酸降低了周遭環境的酸鹼值。狄米崔通常以四．八爲自家優格的目標酸鹼值，可以讓優格的冷藏保存期限維持在大約十二天。

爲了製作自家濃稠的水切優格，他們會將完成的優格放入棉袋用力擠壓，去除多餘的水分。或者他們會將優格放在赤陶罐裡。「**陶器會讓優格熟成**，」狄米崔說。陶罐會吸收部分濕氣，「所以幾天後看起來就會像是水切優格。」他解釋。這些陶罐優格在希臘東正教復活節前後尤其搶手，也就是我參訪當時的一週後。此時家家戶戶通常會爲了準備復活節大餐買一公斤的優格，而優格一直是復活節大餐的重要食材（因爲小羊變成了晚餐，綿羊媽媽沒了孩子就有多餘的乳汁可以貢獻）。或是家家戶戶會購買一小盒優格當成酵種，以便自製優格過節。幾十年前根本沒必要去市場買酵種，優格通常會送到家門口，由小販扛著一口大缸論匙販賣。

傳統希臘優格表面扎實，達芙妮的優格也不例外。挖開表面就會有大量乳清冒出來，使破碎的表面看起來像是布滿隕石坑的行星地表。羊乳優格比牛乳優格含有更多固態乳脂。這種優格具有獨特風味，吃進嘴裡時腦中不禁浮現**質樸**一詞——是好的意思。這家人也會製作乳脂含量二%的優格，口感比美國許多低脂優格更滑順，他們也不像許多大廠牌會在優格中添加明膠或其他增稠劑，而是仰賴單純的均質化作用，因此製作出的優格口感更滑順，味道更細緻，如今許多希臘人都偏好這種表面粗糙的非均質化全脂優格。搭配一點便利的小包裝蜂蜜，的確已近乎完美。

優格的製作還有很多乍看——與初嚐——之下沒發現的細節。細菌代謝過程中的發酵過程還有更多的神奇之處等著被發現。細菌消化了乳汁中的乳糖及其他化合物，產生了乳酸與乙醇。在優格中，**嗜熱鏈球菌**率先開始發酵，在酸鹼值降至五左右時，**保加利亞乳桿菌**便接手繼續發酵。個別加入這些微生物也可以製作優格，但兩種菌一起作用可以更快完成。

雖然多數優格都包含這兩種菌，但沒有兩種優格完全相同。有些可以歸結爲乳汁基底的差異（鮮乳、煉乳或奶粉，牛乳、綿羊乳或山羊乳）、不同的加熱法，以及不同的調製過程。但許多差異也來自菌株及其特定基因，不同基因可以改變細菌的代謝作用及酵素，而影響了最終成品。

如今多數消費者對溫和口味的接受度都高於刺激的酸味，因此大型商業公司小心控制所有變數——尤其是使用的菌株。正如《製作優格與發酵乳》（*Manufacturing Yogurt and Fermented Milks*）的作者群表示：「酵種菌株的選擇成爲溫和味道的關鍵」——也就是酸鹼值介於四．二至四．四之間。菌株的種類也是影響優格稠度的關鍵。「爲了創造出滑順不分離的口感，酵種必須包含能產生胞外多醣的菌株，但理想中的滑順口感與牽絲或『黏稠』只有一線之隔。」他們在書中表示。酵種菌株獲選的原因，也可能是因爲其能產生固定住水果塊的黏度——或能在淡化水果氣味的酸鹼變化與氧化過程中不受影響。但這兩種經典菌種又包含了許多選項。

現在你或許已經明白了目前多數市售優格的特異性與高度控制的特性。迴異於接種發酵及過去在開放空間製作優格的過程，如今這種食物的發酵「需要微生物學、微生物生理學、食品加工工程學及低溫生物學等專門知識。」《製作優格與發酵乳》作者群寫道。雖然市售優格的製作過程有這些要求，但自製優格則簡單得多，而且不需要微生物學的學位。

理論上，優格應該可以永久保存。**然而，正如發酵大師山鐸・卡茲所提醒，在尋找做爲酵種的優格時，即使是全天然的市售「有效活菌」優格，也不如傳統優格培養菌強健。**「在我製作優格生涯的頭十年，我都是去店裡買石原農場（Stonyfield）、棕乳牛（Brown Cow）或其他品牌的優格來製作優格，」狄米崔對我說。「我始終不明白爲何用了兩、三代之後就得再回店裡買新的酵種。忍不住懷疑『如果〔優格〕只能用三代，我就得回超市買新酵種，這種食物怎麼可能〔讓人類〕代代相傳？』」他向微生物學家請教後才知道，市售優格只以少數幾種分離出的菌株製成。問題可能就出在這種嚴格控管的工業化製程，「因爲一百年前的微生物學家絕對不會相信有安全而且可以活用的菌叢存在，」他解釋。「人類一直嘗試分離出發酵過程中眞正重要的元素。他們從傳統的保加利亞培養菌中分離出**保加利亞乳桿菌**與**嗜熱鏈球菌**。」多虧了早期研究，這些細菌就是如今美國、歐盟及聯合國國際貿易《國際食品標準》（*Codex Alimentarius*）用於定義優格的標準。「傳統優格培養菌複雜多了，而且結構中包含了防禦機

簡易食譜

# 優格

自製優格只需要牛乳（全脂牛乳做出的優格最濃稠）、優格酵種（可能只需要一湯匙的市售「有效活菌」優格），以及穩定的熱源，這是最簡單的發酵製程。一次可以做一大批，可以根據家中一週或兩週所需的優格量爲基準。理想的目標份量是大約1～2公升。優格培養菌可以繼續作用，因此別忘了保存一部分留到下次使用。優格搭配穀麥可以讓餐點多一些益菌纖維。

- 將牛奶倒入平底深鍋，小火加熱至接近沸騰。
- 將熱牛奶倒入1公升的玻璃瓶內，讓牛奶冷卻至手指放入不覺得燙的程度。（這是判斷益菌存活度的常用準則：大概就是人類腸道的溫度。）
- 加入酵種。如果是以另一種優格為酵種，每公升牛奶大約加入2大匙即可。輕輕攪拌一下，將瓶口蓋好。
- 現在可以來培養自家優格了。有些人用烤箱，但只把電源啓動、維持一定溫度；也有些人用野餐保溫罩與裝了熱水的瓶子；另外也有人只把優格瓶泡在一大盆溫水內（再次強調，不是熱水）擺在流理台上；有些人則使用優格製作機或快鍋等專用工具。培養的時間視使用的方法與溫度而定——如果溫度較高，則只需要數小時就能讓優格凝固，溫度較低則需要一整晚14。
- 等到牛奶變成優格的濃稠度就完成了！將這些瓶子放入冰箱，準備隨時享用。

制，因此可以代代相傳。」關於他個人的優格製作，卡茲表示：「藉由網路的魔力，我終於找到了家傳的酵種培養菌。我已經用同一個酵種製作了上百代優格。」

## 印度、冰島、芬蘭都有優格

在優格被擺上商店貨架，甚至在希臘家庭式店鋪開始少量製作一批批優格之前，優格都是手工製作。數千年來，全球各地都是以這種方式製作優格。據了解這種製作方法源自新石器時代，可能來自中亞或中東。由於沒有冷藏方法——尤其在氣候溫暖的地方——鮮奶無法長期保鮮，會因爲來自環境與牛奶本身的細菌而自動臭酸。因此，據推測在公元前五千年，在酸奶問世之前，優格便已經存在。

學者建議可用動物皮革或胃袋儲存及運送鮮乳，這些容器中包含的細菌可以啓動發酵過程。以動物皮革儲存酸奶也能讓多餘水分濾出，進一步濃縮乳汁與乳酸以產生更濃稠的產品，可能更近似於我們如今所知的優格。另一個早期的方法可能是將乳汁儲存在陶製容器內。正如希臘的達芙妮店採取的做法，陶罐會吸收水分，讓內容物進一步濃縮。陶罐也具有雙重作用，

14 正如厄爾瑪．隆鮑爾及瑪麗安．隆鮑爾．貝克在《烹飪之樂》中註明的，「優格的附加特性就是在發酵過程中不能晃動，因此請將所有設備靜置於不受打擾的地方。」

能在優格發酵過程中保溫，並在儲存時保冷，延長優格的保存期限。遠在希臘以外的許多地區也沿用這種方法，包括印度和尼泊爾。

雖然無法確知最早期的優格中是否含有原始的微生物發酵菌，但想必其中仍包含大量發酵菌。根據基因定序，保加利亞乳桿菌（也就是讓梅契尼可夫深深著迷的細菌）似乎進化爲能在植物上生存。然而，隨著時間演進，由於這種細菌被納入世世代代的發酵乳產品中，我們人類基本上也接受了這種菌。自此之後，這種菌也發展爲對乳糖消化格外有效率。

保加利亞優格或酸奶據說源自於大約六千年前住在當時名爲色雷斯（Thrace）地區的人。古希臘人吃的優格產品名爲oxygala或pyriate，與現代許多希臘人一樣搭配蜂蜜食用。大約兩千年前，羅馬作家老普林尼（Pliny the Elder）提到「野蠻民族」製作類似優格的食品。老普林尼也建議用優格治療胃部不適——這也符合我們如今所知這種細菌的功用。一〇七〇年代，土耳其學者麻赫穆德．喀什噶里（Mahmud al-Kashgari）[15]編纂了一部字典，收錄了已知第一個對於優格的正式解釋。不到兩個世紀以前，據說成吉思汗給部隊吃馬乳優格，並爲他征服地區的人民供應這種食物。

如今在冰島放牧人、印度農民、伊朗部落民族的傳統飲食中，都可以看到優格及類似產品。根據一項研究，目前全球最大的優格消費族群是瑞士人（每人每年大約吃下六十三．五磅優格）及沙烏地阿拉伯人（每人每年大約吃下四十八・七磅優格）。但這並不表示我們其他人都在偷懶，全球每年市售優格的消費額超過五百億美元——而且有更多人仍會自製優格或從鄰居或市集取得優格。

老實說，我們**用優格**這個詞來指稱這類產品時，犯了過度簡化的錯誤。這種食品的種類多元又豐富，都稱爲優格，就像是把所有烘焙食品都稱爲**麵包**。

舉例來說，在印度最常見的類優格食品是dahi，最早可追溯到兩千五百年前（有人認爲甚至可追溯至黑天神的時代，也就是大約五千年前），印度教聖經中也有提到優格。在傳統印度阿育吠陀療法中，dahi一直被視爲有益健康，尤其是有助於緩解腸道疾病。製作dahi的相關細菌（非工業化做法）很多，但最常見的是乳球菌與念球菌（德國酸菜也含有這種細菌），使印度優格比西方的優格口感更滑順。

Dahi也是印度傳統飲料拉西（lassi）的基底，這種印度常見的飲品是以水加入各種水果、甜味劑或香料混合，若加入薑黃則通常用於舒緩胃部不適。

15 傳言喀什噶里享壽九十七歲，在當時而言格外長壽。

簡易食譜

# 拉西

這種簡單又清爽的飲品可以用自製優格或各種市售優格製作。所需材料包括2杯優格、冷水或牛奶、冰塊、甜味劑、鹽和果汁機。可以使用的調味料多到無法想像：可以嘗試薄荷、芒果、小荳蔻或薑黃。

- 將優格放入果汁機內。
- 加入相同份量的水／冰塊／牛奶。
- 加入少許鹽，大約1大匙甜味劑，例如蜂蜜，以及其他調味料。
- 攪拌至起泡，立即享用。

另一種發酵乳製品最早則是在公元前一百年出現在冰島，而且出現在各種經典的傳說故事中。這種名爲skyr的食品製作方法與優格類似，但可能加入凝乳酶以增加濃度，與製作乳酪的傳統有關。研究發現skyr的酵種包含了**瑞士乳桿菌**（*Lactobacillus helveticus*）[16]及各種酵母。在skyr發酵之後，傳統的做法是將其放入布袋中濾出多餘水分以提高產品的濃稠度。skyr已經融入冰島的文化中，例如學校會允許打skyr仗，偶爾有人抗議時也會朝政治人物扔skyr。甚至是冰島傳說中每年聖誕節前夕來訪的聖誕精靈（Yule Lads），其中一位淘氣精靈就是優格貪吃精靈（Skyr-Gobbler），會偷吃民眾家中的優格[17]。

有**十三聖誕精靈**傳統的國家，或許都會是快樂百姓的家園。許多流行病學家都發現，冰島人罹患憂鬱症的比率特別低——尤其是該國地處高緯，隆冬時每天的日照時間只有五小時，這點就更令人意外。不過，冰島人民的季節性疾病罹患率，仍低於美國及許多地理位置較不極端的國家。正如《叢林效應》（*The Jungle Effect*）作者及醫師黛芙妮·米勒（Daphne Miller）所說，大量攝取omega-3（透過魚類及食用當地苔蘚的小羊攝取）可能有助於冰島人的大腦保持愉快。但是，或許大量攝取skyr及其中包含的微生物，也能在腸道內產生作用，進而刺激血清素分泌。

在冰島東方的**芬蘭**，viili可能會冒充成優格，但viili遠比優格更複雜、更有趣——以及黏稠，並不是你平常見到的雙菌種點心。在viili的酵種培養菌中已經發現了數種乳酸菌以及少數

16 也用於製作瑞士艾曼塔乳酪。某些研究顯示「瑞士乳桿菌」可降低血壓並抵抗腸道病原體。這種菌的名稱源自赫爾維第人（Helvetii），該民族在羅馬時期曾占領如今的瑞士。

17 相較於藏在屋椽偷吃香腸的香腸掃蕩者（Sausage-Swiper）或是打算騷擾你家羊群的騷擾羊棚精靈（Sheep-Cote Clod，有木頭做的義肢），優格貪吃精靈相對較溫馴。

眞菌，其中包括**白地黴**（*Geotrichum candidum*，也會在某些乳酪的外皮上生長）。viili這種食物因為兩項特點而不同於一般優格。首先，**乳酸乳球菌乳脂亞種**（*cremoris*）及**乳酸乳球菌lactis亞種**，在viili中會產生一種特殊的「牽絲」黏液。其次，viili的表面覆蓋了一層柔軟的**白地黴**眞菌層，由於這種眞菌屬於有氧菌，因此會在表層大量繁殖，一面享受上層的空氣，同時享用下層細菌產生的乳酸。這種眞菌也能降低整體酸度，讓風味變得溫和，還會讓表面產生一股淡淡的霉味，但下方發酵的綜合細菌會使最終成品充滿奶油味，成為當地人珍視的風味濃厚點心。

這些發酵乳製品在其原生文化中，並不只是一週吃一次的點心或偶爾吃一次的食品，而是遍布在料理中。當地人時常吃這種食物，幾乎早、中、晚都吃，因此能穩定為體內的微生物體補充微生物。這些特定的微生物也許無法長期留在腸道內，但持續補充這些微生物也能確實維持牠們通過腸道時所帶來的效益，因此不需要微生物移植。

在持續攝取的情況下，我們究竟吃下了多少細菌？以份量而言，細菌在優格中的比重大約只有一%。因此每一杯希臘式優格包含了足足一．五公克細菌。相較之下，市售的益生菌保健食品每錠可能只包含一毫克細菌，吃眞正的食物來補充益生菌顯然大為划算，也美味多了。

## 充滿魔力的克菲爾

優格即使種類繁多，也不是唯一的發酵乳製品。在當代西方益生菌殿堂中，下一個最知名的選項就是克菲爾發酵乳。

克菲爾是個奇特的例子，它看起來就像是稀釋過的優格，但以克菲爾的傳統型態而言，它其實是與優格截然不同的品項。事實上，科學家仍未完全了解這種食品的起源。

克菲爾與優格類似，因細菌產生的乳酸而出現酸味。但不同於多數優格，克菲爾主要仰賴酵母菌來發酵。這些酵母菌增添了額外的微妙香氣、微量酒精和一點氣泡（也就是酵母菌排出的二氧化碳，與啤酒和香檳中的氣泡相同——乾杯！）。

克菲爾是由特定培養菌製成，但克菲爾的「克菲爾粒」（grain），也就是小圓粒狀凝乳，有些人認為外型看來像白花椰菜。這些克菲爾粒加入牛奶中放置一夜發酵，等到牛奶「克菲爾化」再將這些克菲爾粒過濾出來，加入另一批新鮮牛奶中。

據說克菲爾最初源自於先知穆罕默德，是他將這個食品傳給信徒。只有這位先知知道克菲爾粒的祕密，如果洩漏出去，克菲爾粒的神奇魔力就會消失。這則傳說的眞實性仍有待查證——因為我們尙未解開克菲爾之謎。

但我們的確知道這些「克菲爾粒」是由細菌與酵母菌組成——也就是細菌與酵母菌共生菌

落——透過糖、脂肪和蛋白質而結合。克菲爾粒是緊密結合的複雜菌叢，最多可容納三十種以上不同的菌種。克菲爾粒的內部往往以酵母菌爲主，表面則有較多細菌活動。這個組成物中的一項重要化合物稱爲克菲蘭（kefiran），是由其中一種久居細菌（**克菲蘭乳桿菌**，*Lactobacillus kefiranofaciens*）組成。研究人員也在其中發現了我們的老朋友**嗜熱鏈球菌**，以及**乳桿菌**、**念球菌**、**乳酸球菌**、**醋酸菌**（*Acetobacter*）等菌種和數個不同屬的酵母菌。這些微生物的平衡狀態影響了這種飲料的風味，產生了包含青蘋果、丙酮、奶油、酒精和酸味的綜合口感——根據化學家的說法是如此。

現今市售的量產克菲爾並非來自隨意生長的「克菲爾粒」，而是來自仔細量測過份量的細菌與酵母菌，藉此生產出較標準化的產品。在美國，這個配方通常是乳酸桿菌、乳酸球菌加上少許酵母菌（或根本不加酵母菌），以便控制並將酒精含量降至最低。我時常購買的克菲爾品牌產品成分表上便列了大約十幾種菌種，但完全沒有酵母菌。如今的克菲爾與隔壁貨架上販賣的高益生菌含量優格，或許確實沒有太大差別。

直到最近以前，克菲爾的製作方法都與標準化工業的規定**相去甚遠**，而是以傳統的方式在動物皮革袋中製作——天氣暖和時就在戶外，天冷時就在室內。據說有時還會掛在住宅門邊，讓進出的人都能踢一腳，以便克菲爾混合均勻。等到克菲爾發酵後就可以倒入保存容器內，再將新一批乳汁加入含有酵種的皮革袋中。

早在十八世紀時，人們就開始研究克菲爾製作的神祕過程。雖然做了數百項科學研究且科技已有長足進步，我們依舊無法完全明白克菲爾粒緊密交織的世界。「如果放在電子顯微鏡下，會看到克菲爾粒包含了許多微生物體，」科克大學的柯林．西爾說。「我們雖然可以看到牠們的型態，〔卻〕無法培養牠們。許多人嘗試將牠們分離出來在實驗室的培養基中培養，但牠們就是無法生長。我們可以**看到**克菲爾粒中有許多生物，卻無法將牠們弄出來。」他說。這些生物的代謝具有相互作用——某種細菌產生了某種物質，由酵母菌消化了這種物質，或許又產生了另一種物質餵養了不同的細菌——因此即使我們擁有精密的顯微鏡、培養基和基因定序技術，卻無法重建這種緊密發展、互有關聯的結構。

這個謎團反而因此進一步加大。這些非常緊密結合的微小克菲爾粒究竟如何影響整袋、整罐或整桶乳汁？「克菲爾粒本身包含了極為複雜的細菌與酵母菌組合，」西爾說。「我們把這些克菲爾粒放入乳汁中，乳汁就會變酸，有時甚至會產生一點酒精和氣泡，」他說明。但克菲爾粒中的多數微生物似乎不會在乳汁裡出現或繁殖。「我們的發現是，也許有某種乳酸菌及某種酵母菌會出來促成發酵，但其他菌種都待在克菲爾粒中。」那些待在克菲爾粒中的菌種可能受惠於乳汁提供的糧食，西爾表示，但不會有明顯的活動跡象。此外，在發酵的乳汁中，主要的微生物其實似乎會產生**抗菌**物質，以免克菲爾粒中的其他細菌有意進入這片廣大又營養豐富的新領域。這其中存在著矛盾。「不知爲何，這些細菌在克菲爾粒中並不會自相殘殺，」西爾表示。「這些生物在不同環境中接觸彼此時也會發生不同的情況。」先知穆罕默德的祕密——以及克菲爾粒的魔力——依舊讓我們百思不得其解。

。°。°。°.

除了克菲爾和優格以外，另一個廣受喜愛的傳統發酵乳製品就是馬奶酒（kumiss）。雖然這種食品與克菲爾發酵乳一樣具有某些特色——有氣泡、含酒精，但馬奶酒其實是截然不同的食品。就像本章討論過的所有食品，馬奶酒也是藉由微生物讓馬奶發酸製成，但相似處大概就僅止於此。這種中亞的飲品完全是液態，沒有一丁點凝乳或稠度，而且顏色是讓人意外的灰色。這些特色都源自這種飲品的基底：馬奶。

馬奶的蛋白質結構與其他常見牲口提供的乳品蛋白質結構不同，特殊的成分讓馬奶即使在酸性發酵過程中也能避免凝結或固化，成爲數千年來人們喜愛的營養飲品。

馬奶酒的起源地可能在現今的哈薩克，在當地已發現早期馬術訓練的證據。據說在公元前四百五十年左右，來自西伯利亞一帶歐亞大草原的斯基泰民族穿越該區時就是喝馬奶酒，並在沿途將這種飲品傳播給大草原上的其他民族，最後傳到蒙古及中國（類似的飲品在蒙古稱爲發酵馬乳〔airag〕）。十三世紀的探險家馬可．波羅（Marco Polo）將馬奶酒形容爲令人喜愛的飲品。完成品同時具有辛辣與酒精的刺激口感，有些人因爲這種飲品的風味與發酵製程，將之稱爲「奶酒」甚至是「乳香檳」。

傳統的馬奶酒製作過程需要將馬奶放入煙燻馬皮革製成的囊袋中發酵。皮囊可以重複使用做出一批批馬奶酒，基本上就是利用發酵必需的微生物酵種，讓一批批新鮮馬奶接種發酵。如果馬奶沒有發酸的跡象，製作者可能會加入新鮮馬革或一、兩塊生馬腱肉，以便利用新微生物促進發酵過程。

馬奶酒在中亞地區依舊十分暢銷，爲了滿足需求，如今生產過程大多已經工業化。當然，衛生稽查員不會樂見即將裝瓶在大眾市場銷售的產品中出現生馬腱肉，馬皮革及接種發酵的做法也同樣被淘汰了，業者甚至還常以牛奶代替馬奶。

馬奶酒一直被認爲對健康有益，包括可以治療胃腸道不適、過敏、高血壓及心臟病，在俄羅斯，馬奶酒甚至號稱連肺結核都能治癒。十九世紀與二十世紀初，這種飲料還引發了一系列的「馬奶酒療法」度假勝地熱潮。這些地方與藝文界人士活動的地方大不相同，吸引的是當代高知識份子等傑出人物，包括作家安東．契訶夫（Anton Chekhov）與列夫．托爾斯泰（Leo

Tolstoy）。這些富人可以入住這些南方度假勝地，呼吸溫暖的新鮮空氣，喝著一瓶又一瓶的馬奶酒以便治療身體的病痛[18]。

## 乳酪的微生物世界很多元

有另一種吸引人的乳製品也仰賴微生物作用製成，就是乳酪。某些種類的乳酪甚至可能具有益生菌特性。

不過，在你切開寇比乳酪[19]之前，必須先了解並非所有乳酪都是適合益生菌繁殖的理想環境。雖然乳酪製作過程中會使用活菌，但這些微生物大多在乳酪送到市場貨架前就已經死亡或被消滅。不過，至少某些歐洲古老乳酪製造者無意中爲我們的腸道培養出微生物，同時也儲存在他們的陳年輪狀大乳酪裡。這些早期的細菌煉金術士運用肉眼看不到的力量施展魔法，將乳汁轉變爲柔滑美味的產品，最重要的是，還能長期保存。

乳酪的起源傳說和優格及其他發酵乳製品的起源一樣曖昧不明。根據傳說，數千年前，牧民將乳汁儲存在以山羊胃袋製成的容器中。這些胃袋包含了細菌以及酵素，而這些酵素就類似如今用於讓乳酪凝結的增稠凝乳酶。這袋乳汁被掛在馬背上於烈日下長途旅行，一路上不停攪動，等到騎馬者抵達目的地時便有了美味的新發現，就是乳酪——或是某種類似乳酪的可食用凝乳產品。這種固體食品也具有易於運送與保存的優點。

如今，乳酪製作過程當然有點不同，即使是最簡單的工法也不同於往昔。不過，許多乳酪仍以某些十分值得關注的微生物製成。因此我們必須進一步檢視一個觀點，就是這類食物中有某些乳酪，例如艾曼塔及格魯耶爾乳酪，或許確實具有益生菌效益。而筆者自願承擔研究上述觀點的這項艱難任務。

ₒ°ₒ°ₒ°

驅車前往瑞士伯恩的途中，市區堅固的石造古建築物不久後便被山丘與森林的景色取代。平順的鄉間道路帶著我們進入一片綿延的翠綠山丘，上頭點綴著小型農莊及斜屋頂木屋，還有乳牛——許多乳牛。轉過彎，那座令人嘆爲觀止、白雪皚皚的阿爾卑斯山驟然映入眼簾，接著便下坡進入一座小村莊。這裡宛如童話故事裡的場景和風景明信片中的全景照片，就是艾曼塔的景色。事實上，這裡就是艾曼塔谷，數百年來在此生產的乳酪便以此地爲名。

18 雖然在這種度假勝地住上兩週仍無法治癒契訶夫的慢性肺結核；不過根據許多人描述，他卻因此胖了十二磅（約五公斤半）。

19 譯註：Colby 為美國大規模工業化生產乳酪，產自威斯康辛州。

然而時至今日，這裡已經不是艾曼塔乳酪的唯一產地。爲了讓艾曼塔乳酪保持原始風味，這種乳酪的微生物組成——也就是培養菌——已經被永久冷凍保存。這種乳酪的標準培養菌就放在中央政府實驗室的冰櫃裡。然而並非這個地區生產的乳酪都叫艾曼塔乳酪，瑞士政府明訂了乳汁、製程與培養菌的標準，以確保這種「原產地名稱保護[20]」的產品維持不變[21]。如今大約有一百種經過認證的瑞士乳酪的微生物培養菌保存於伯恩，存放在瑞士微生物學家威里．范．亞（Ueli von Ah）工作的機構，艾曼塔乳酪便是其中之一。范．亞是一名親切又好客的科學家東道主，也是瑞士農業研究中心Agroscope的生技團隊領導人。這座研究中心位於非管制的政府園區，其中包含實驗室、反應器和冷凍櫃等設施，負責保存某些最知名瑞士乳酪內的細菌——以及其他食品中的微生物，總計約一萬五千種從各式瑞士產品分離出的菌株[22]，包括修道士頭乳酪（Tête de Moine）及長獵人（Landjäger）風乾臘腸等產品。我們走過生產許多酵種培養菌的實驗室，以及在培養菌準備好郵寄出貨給乳酪製造商之前，負責保存這些菌株、發出吵雜運轉聲音的冰櫃。

然而，雖然小心翼翼保管培養菌，即使是最典型的瑞士乳酪仍舊無法百分之百掌控。在此所謂的微生物永久冷凍保存較偏向技術性的實驗室做法，因爲這些冷凍乾燥的培養菌一旦出貨給乳酪製造商，就只能任憑其自由發展。「這些是生乳乳酪——因此都有自己的菌叢，」范．

亞表示。初期豐富的微生物「反而增加製作的難度，因爲那是個複雜的生態系統。」培養菌一旦來到乳酪製造商手裡便會迅速出現差異。乳酪製造商首先必須讓培養菌甦醒，並在繁殖階段讓培養菌增殖。製造商以乳汁來達到此目的，但即使是使用的乳汁種類——不論是生乳、鮮乳或煉乳——都能決定培養菌接下來的發展方向。

丹尼爾．斯塔爾德（Daniel Stalder）是接收這些小心保護的培養菌的乳酪製造商之一，他在一間附帶店面的小型乳酪工坊製造艾曼塔乳酪，並與妻子碧姬（Brigitte）一同經營。這間店不僅銷售自製乳酪與乳製品，也販賣各種食品——醃黃瓜、葡萄酒、罐頭蔬菜以及自製優格等。當地產的雞蛋也陳列在一個大籃子裡，由消費者自行選購。

隔壁的小工坊鋪滿了雪白的磁磚與閃閃發亮的金屬，春日爽朗的晨光透過大片門窗傾瀉而入，彷彿自己被傳送到一間理想、愉快的十九世紀工坊（但又有二十一世紀的歐洲員工與安全

---

20 譯註：原產地名稱保護，Protected designation of origin，簡稱PDO。

21 我們的導遊威里．范．亞本身也是瑞士科學家，他將文化保護提升至新境界，率先將微生物標記注入這些PDO乳酪中，以便透過生物標記認證這些產品，為產品驗明正身。

22 聽起來似乎很多，但規模最大的菌株持有人與經銷商並非勤奮的政府機關，而是丹麥的企業科漢森（Chr. Hansen）。這家企業銷售多種產品，從用於農家新鮮乳酪的蛋白質建構菌株，到用於土壤以提高農產量的綜合微生物都包含在內。

標準）。幾名年輕人在這個小空間裡忙得團團轉。他們頭戴白色防塵帽，身穿印有**艾曼塔**紅字的白色T恤、白色長褲和白色圍裙，甚至戴著白手套。在這個一塵不染的空間裡，唯一的氣味就是熱牛奶散發的味道。

當地酪農早晚集乳後從產地將還溫熱的牛奶直送到店家，接下來便由店家施展工藝技術。乳酪製作不但是一門科學也是一項藝術。在製程開始前，製作人必須分析每一批送來的牛奶，評估牛奶的特性——包括乳脂、蛋白質等——以及可能做成何種成品。舉例而言，牛奶的特性會隨季節與乳牛的飲食而改變，乳酪製造者必須將這項變數納入考量。斯塔爾德會先在工坊的一隅做一些基本的科學檢測，之後才讓送來的牛奶正式進入乳酪製程。通過檢驗的牛奶會先以網篩過濾，以去除這種柔滑、不透明液體中的所有穀倉雜質。接下來牛奶會倒入占據工坊大部分面積的一口大銅缸。

在此同時，斯塔爾德將他的培養菌都保存在一座可以走進去的小型冷藏庫內，以古法繁殖這些細菌，也就是使用他即將用來製作乳酪的牛乳來培養細菌。他將少量培養菌加入一公升的牛乳罐，讓細菌增殖之後，再將這罐牛乳加入用於製作乳酪的那批牛乳。

等到接近中午時，大銅缸裡已經盛滿早上剛送來的鮮乳，而且持續加熱。等到牛乳加熱至適當溫度後，斯塔爾德就會加入以生乳繁殖的培養菌，用大攪拌棒混勻。接著就讓這缸液體靜置不動。牛乳在這個過程中開始凝結，在牛乳變得太濃稠之前，製作者會用攪拌棒將成型的凝乳打散並加入凝乳酶。接著在最適當的時機，由斯塔爾德一聲令下拉下控制桿，這一大缸的牛乳便開始排空，讓凝乳與乳清混合物經由管路流到工坊另一邊，注入位於七個乳酪模具上方的小池內。混合液一面冒著蒸汽一面注入模具中，在噴濺的乳清中可以看到一塊塊凝乳。液態乳清則從模具排出，流入下方凹槽（收集起來成爲當地的豬飼料）。這個製程的牛奶用量似乎極爲龐大，但斯塔爾德表示（由范・亞幫忙翻譯他的瑞士德語），每一塊輪狀乳酪重逾兩百磅（約九十一公斤），每一輪製程大約需要使用一千公升牛乳（兩百五十加侖以上）[23]。斯塔爾德會從模具邊緣採集凝乳樣本確認品質。在整個製造過程中，培養菌都在默默進食與增殖，之後乳酪送進乳酪地窖中才會眞正開始熟成。

等到模具塡滿凝乳後，就進入擠壓製程。過去是以有凹槽的木製壓具進行這個步驟，如今則改用機械化氣動式壓具施加力道恰好的龐大壓力——過程中甚至還可以翻轉模具以維持內部凝乳的均一度。一塊塊輪狀乳酪會持續擠壓直到隔天清晨。在這一夜之中，細菌會助長原始乳酪的酸化，將乳糖轉化爲乳酸，進而餵養其他微生物，包括丙酸桿菌。第二天，這一塊塊輪狀

23 大約八十隻瑞士乳牛早上集乳一次的量可以製作一塊輪狀乳酪。

乳酪就會被送去浸泡在鹽水中，做兩天的鹽浴。這個步驟會增加乳酪的鹽度——不但能增添風味也有利於保存——同時吸取乳酪中的水分，讓乳酪的質地變得更為堅硬。

做過鹽浴後，輪狀乳酪便會移到陰暗的熟成室或地窖，放在七層直立架上（重達一千四百磅，約六百三十六公斤的乳酪塔）。熟成室裡有幾座電扇協助芳香的空氣流通，室溫穩定維持在約攝氏二十一度。斯塔爾德俐落地在熟成室內走動，用一把橡膠小尖槌（類似醫生檢查反射的工具）檢視他的作品。他用小槌子輕敲乳酪，乳酪「咚」地發出厚重的聲音。「敲敲乳酪，聽聲音就可以知道這塊還很新鮮，」他說。較陳年的乳酪敲起來聲音比較堅硬清脆。「做乳酪的人聽得出來乳酪的品質如何。」范．亞解釋。斯塔爾德也會測量輪狀乳酪的高度，完全成熟、經過認證的「原產地名稱保護」艾曼塔乳酪高度必須達到七吋半，大約十九公分。

等到乳酪在第一個房間熟成到一定程度後，工作人員便會將乳酪搬到第二個房間，這裡的室溫更低，只有約攝氏十度。這裡有更濃郁、潮濕、帶著土味的美味香氣。斯塔爾德抽出一根大攪拌棒變換乳酪的位置，切下一塊兩個月前製作的輪狀乳酪的中央部位請我們吃。雖然這塊乳酪尚未完全熟成，但味道已經十分柔滑細緻，帶有一絲酸味，暗示這個產品將來會有濃郁的口感。他封住乳酪上的洞，大略審視了他的微生物作用王國。隨著乳酪熟成，外皮顏色會逐漸加深，這裡較陳年的乳酪外皮上會長出白色的黴斑。這些都顯示乳酪正逐漸成為飽滿、帶有堅果味且口感柔順的最終成品。這些輪狀乳酪在這裡待得夠久之後，便會賣給經銷商做最後的熟成並運往市場，成爲市價（以歐元計）超越重量的商品（順帶一提，每塊輪狀乳酪的零售價高達五千美元以上）。

此時下一批牛乳也即將送達，但必須等到明天。這家小店鋪每天只製作一批乳酪，不同於較大型工廠可以整天運轉個不停。

斯塔爾德一家人將店裡的艾曼塔特濃乳酪放在這棟建築物冰涼的地下室裡熟成。這個小型乳酪地窖充斥著濃濃的阿摩尼亞味——熟成乳酪的副產品（更正確地說，是促進乳酪熟成的微生物的副產品）——最下層的架子上放了一塊三年的艾曼塔輪狀乳酪，仍在木板上持續熟成。這塊乳酪的表面呈現有紋理的黃棕色，看起來就像一大塊扎實的鄉村麵包。存放在這裡的乳酪每週會用鹽水擦拭一次並翻面，經年累月從不間斷，以便對這項微生物技藝致上敬意。

雖然乳酪製程已經流傳久遠，但我們對於製作過程中微生物的作用依舊所知有限。**乳酸乳球菌**，也就是製作硬質乳酪常見的菌種，可能源自於植物界。但由於數百年來常用於乳製品製作，例如優格中的**保加利亞乳桿菌**，這種細菌已經演化爲能在乳汁中繁衍。在人類不斷施壓下，這種菌的基因已經改變爲能有效消化乳醣。此外，如同在優格中的情況，在乳酪中也有許多細菌共同作用。例如，在艾曼塔乳酪中，**戴白氏乳桿菌lactis亞種**已經演化爲能分解乳酪中的蛋白質，這個作用能提供重要的**費氏丙酸桿菌**[24]成長所需的自由胺基酸。丙酸桿菌消化這種食物後能產生乙酸與丙酸（還記得吧！這些也是腸道細菌產生的有益脂肪酸），讓乳酪產生堅果風味。這個菌種也會產生二氧化碳，使乳酪出現著名的「孔洞」特徵。

上述兩種微生物組成的系統在化學結構上似乎已經夠完整和理想。但乳酪的微生物世界十分多元，充滿了各種意想不到的菌株（包括近期在法國格魯耶爾乳酪中發現的兩種新菌株）以及我們才剛開始了解其實際作用的驚人眞菌類黴菌。

要徹底了解這些微生物群並不容易，但其中或許包含了一些吸引人的答案，能讓我們明白乳酪眞正的形成機制。或許這類研究也能讓我們對微生物本身的演化有一些新發現。班傑明．沃爾夫（Benjamin Wolfe）在塔夫茨大學（Tufts University）從事微生物群生態與演化研究，他已經將科學生涯的關注焦點轉向乳酪。「最讓我驚訝的一點是，這些乳酪都是用相同的原料製成，也就是乳汁，卻有這麼多種類，」他說。「在高明的乳酪製造者引導下，微生物的多樣性和活動是成就這種美味多樣性的原因。」

這種多樣性表示一定有許多複雜的微生物動態產生影響。舉例來說，沃爾夫表示：「當你一口咬下輪狀卡門貝爾乳酪時，其中包含的微生物群是處於對戰還是和平的狀態？這些微生物是否會分泌抗菌物質互相干擾，還是會分泌促進彼此生長的化合物互相幫忙？這些微生物與鄰居一同進化會變成怎樣？牠們的鄰居會帶來新的演化契機嗎？鄰居或許會抑制演化的機率。過去的研究大多都只探討單一微生物獨自生存的情況。」但乳酪的奇蹟卻要歸功於所有共同生活的微生物。

乳酪是許多傳統發酵食品之一，也是菌叢與真菌叢一同變化的環境[25]。因此「我們可以深入了解這兩種迥異的微生物如何在微生物體中互動，」沃爾夫表示。「在這些食物中生長的多種細菌與真菌都有近親生活在土壤與人類微生物體中。因此我們也可以將在食物中發現的微生物作用過程與機轉套用到更複雜的微生物體中。」沃爾夫及同事持續研究這些微生物動態的複雜性。但傳統的乳酪製造以及其中的微生物謎團依舊以各種不同的形式出現。

24 *Propionibacterium freudenreichii*，費氏丙酸桿菌經研究發現對免疫系統具有潛在益生菌效益，且對炎症性腸病患者也具有效益。

25 正如范・亞所說，這項細微的乳酪研究也提醒我們「必須跳脫『好菌』或『壞菌』的思維。」例如，他表示，在歐洲南部，某些酵種培養菌會使用歐洲北部避免使用的腸球菌（*enterococci*）。

在艾曼塔西南方一小時路程遠的地方，有一座名叫格魯耶爾（Gruyères）的古老小村莊，沒錯，這裡就是格魯耶爾乳酪的產地。這座位於山丘頂上的村莊地面以鵝卵石鋪砌，這裡至少有一家以上的乳酪製造者，連丹尼爾．斯塔爾德使用的簡單機械化工具也不用，幾乎完全以手工製作輪狀乳酪。在一間舒適的店面裡，他徒手熟練地用手指勾住一張小網布舀出凝乳，彷彿在捕魚一般，將這張網布在奶油色的溫熱液體中張開蒐集凝乳，接著將內容物撈進備妥的模具中，再以恰當速度將木製壓具緩緩下壓。四周的山丘上，也有許多當地人仍以大致相同的方式製作乳酪。

許多以這座小鎮命名的乳酪在全球各地銷售。十年前，全球每年有超過兩百萬磅（約九百公噸）格魯耶爾乳酪經由雜貨店出售，如今銷售量想必大幅超過當年的水準。在這座小鎮，家家戶戶的餐桌上保證都可以看到大量當地生產的乳酪，包括乳酪鍋、烤乳酪和湯品，連早餐都有切片乳酪。如果住在當地農家，很可能吃的就是他們自製的乳酪。

傑可斯（Jacques）與伊蓮．莫瑞斯（Eliane Murith）在格魯耶爾經營一座小農場、旅社和小木屋，也在農場上養了數十頭乳牛。冬天，這對夫妻就住在村莊上方的農舍，而他們最年幼的乳牛則在正後方的青草原上吃草，在涼爽的四月早晨，乳牛身上繫的大黃銅鈴在農舍後門附近輕輕發出叮噹響聲。

每年春天，傑可斯．莫瑞斯都會帶著牛群——以及獲得認證的格魯耶爾酵種培養菌——徒步走到位於山丘上的家族鄉村小木屋。他會和兒子在小木屋待上一整個夏天，讓牛群在山腰上享用新鮮的粗纖維，他們每天集乳兩次，將牛乳轉變爲家族自產的格魯耶爾乳酪。

傑可斯．莫瑞斯在大約五十年前向一位乳酪老師傅拜師學藝，從此踏入這一行，自此之後每年夏天都以相同方式製作乳酪，每一季都從郵購的酵種培養菌開始，但之後他的培養菌會逕自展開美好的生活。他將標準化酵種加入自家乳牛生產的部分新鮮牛乳，製造出自己的培養菌，再以這批培養菌製作當季乳酪。接著他每天會用前一天製作的發酵乳來製作新一批發酵乳，透過長期實施接種發酵法讓自己的微生物族系永久流傳。微生物不僅來自乳酪培養菌，也來自乳酪製造者的雙手和環境。某些研究人員甚至發現，舊的木製乳酪製作設備中的微生物相也充滿了有益的細菌，能排擠潛在的病原體。這是自古流傳的安全做法。

「食品發酵一直是一種監管的製程，」加州大學戴維斯分校食品微生物學家大衛．米爾斯及同事尼可拉斯．波庫利奇（Nicholas Bokulich）在某篇論文的標題上如此寫道。這些食品製造者一直「刻意或非刻意透過直接及間接的方式干預，包括控制環境條件、掌控濕度及清潔程序，管理發酵及環境中的微生物群，」他們寫道。「這是自古流傳下來的『手工業』製程，透過一次次的嘗試發展出管理方法，早在我們了解這些發酵過程的外來微生物相關知識之前，這些傳統方法就已經問世了。」傑可斯・莫瑞斯已在製作自家傳統格魯耶爾乳酪的過程中，掌握了拿捏微生物正確比例的方法，做出了美味的乳酪。

製作過程也十分辛苦。辛勤的瑞士乳酪製造者，也針對高山地區的夏季研發出自家的樸實料理。在這個辛勞又簡樸的生活中研發出的其中一道特色料理，就是木屋濃湯（soupe du chalet）。這道料理的基本食材包括馬鈴薯、洋蔥，當然還有鮮乳及格魯耶爾乳酪。「基本上就是用手邊（山上小木屋）現有的食材做料理，」伊蓮・莫瑞斯用法語向我說明。「通常山上只有男人[26]，他們只有馬鈴薯、牛奶、洋蔥和乳酪等存糧。」她表示，這道料理中也可以加入自己栽種或野外摘來的蔬菜以及通心粉，但就連紅蘿蔔都很少出現在湯裡。

這座古老小鎮市中心的一家當地餐廳「哈勒酒館」（Auberge de la Halle）便提供改版過的這道傳統料理。從這家餐廳的後廂房向外看，可以欣賞這座村莊的古城牆以及遠處年代更久遠的阿爾卑斯山。餐廳以大木碗盛湯，還可以免費續湯（英文菜單上寫著「盡量吃」，十分熱情）。這道扎實但又不會太濃厚的料理集結了奶油、菠菜、馬鈴薯、義大利筆管麵以及韭蔥，上頭還撒上健康取向的麵包丁與格魯耶爾乳酪絲。

在格魯耶爾，即使是一頓簡單的農莊早餐也會包含一點乳酪，讓這一餐更完美。農村現烤的全穀麵包搭配自製果醬、以裝飾模具做成的自製奶油，當然還有切成一大塊楔型的家庭自製格魯耶爾乳酪，可以用咖啡、茶、熱可可來搭配這些食物。

雖然這頓早餐可能不符合減肥書籍所認定的理想健康飲食，但這些餐點都包括了可能含有益生菌的乳酪，以及份量適當的全穀物、蔬菜、可可亞等益菌生。

這些乳酪微生物大多尚未經由科學家做過正式的益生菌研究，但我們知道其中某些微生物確實能在艱辛的胃腸道冒險中存活下來，而有些微生物則在小型試驗中顯示具有潛在效益。但柯林．西爾說，如果從嚴格的**益生菌**定義來看，「這就是界線開始變得模糊的地方。妳知道乳酪包含許多細菌，通常是乳酸桿菌及其他生物體。」但他表示：「但這些似乎大多屬於另一種乳酸桿菌——並非在腸道中會發現的那種乳酸桿菌。這些細菌已經過工業化與技術性篩選——爲了提升美味程度等——因此益生菌效果可能已經遠遠不足。」不過他表示：「這些細菌仍舊符合『大量攝取活菌』的條件。」他說，總體來說可以歸結至一個問題：「對人類而言，乳酪中包含的活微生物是否比完全沒有微生物的滅菌乳酪更好？我想答案幾乎是肯定的。」如果乳

26 伊蓮．莫瑞斯是移居到這座村莊的法國人，她年輕時便決定與丈夫一起住到山上，引起當地人側目。

簡易食譜

# 木屋濃湯

說到乳酪，你或許不太需要別人指導你如何吃（乳酪拼盤中的切片乳酪吃法似乎已經很直截了當），但有一些美味的簡單料理結合了這些陳年鮮乳酪。

這道簡單料理很有彈性，可以配合不同的份量與食材做調整。你需要幾個馬鈴薯、2顆洋蔥、大約1公升全脂牛乳、數盎司格魯耶爾乳酪、1塊奶油，也可以加入2杯菠菜或採來的蔬菜、通心粉，加入鹽和胡椒調味。

- 洋蔥切片與奶油放入大湯鍋或鑄鐵鍋內拌炒。
- 放入切片馬鈴薯煮到半軟。
- 加入牛奶與少許水以小火燉煮，持續攪拌以避免煮滾。
- 蓋上鍋蓋小火悶煮約半小時。
- 加入通心粉及蔬菜（如果有準備）煮到食材變軟。
- 鍋子離火。
- 加入乳酪絲及鹽與胡椒調味。攪拌均勻後立即上菜——搭配一塊全穀鄉村麵包會更好。

酪濃郁複雜的風味仍無法構成充分的理由，或許能從這些陳年、富含微生物的乳酪中找到充分的理由。

## 喝養樂多，好處多多

並非所有的發酵乳製品都起源於幾世紀以前所建的地窖或動物皮革製成的囊袋，日本有一種值得關注的發酵食品，不但是健康食品也是科學創新，還促進了可能是最早的商業化機能性益生菌產品問世：養樂多。

養樂多以奶粉、專利菌株、少許調味料以及大量的糖製成。這種含糖綜合飲品以單份二盎司（約五十九毫升）容量的塑膠瓶包裝，目前已在三十多個國家上市，全球各地每天總計喝掉約兩千八百萬小瓶養樂多。這種人工製造的益生菌飲品雖然迥異於傳統的發酵料理，但仍有其歷史淵源。

養樂多源自於二十世紀初，由日本微生物學家代田稔所創。代田受到十九世紀科學家埃黎耶·梅契尼可夫的研究以及他追尋延年益壽、有益健康的益菌的過程所吸引，決定繼續梅契尼可夫的研究。代田是京都大學的研究員，他開始尋找其他可能有助於改善人類健康的細菌（除了優格中的**保加利亞乳桿菌**以外），最後找到了**乾酪乳桿菌**。

**乾酪乳桿菌**菌株存在於人類的腸道與口腔，以及各種乳酪、部分自然發酵橄欖和其他食品中，某些菌株因爲能預防抗生素造成的相關腹瀉且有助於縮短其他腹瀉的發作期，因此被視爲益生菌。這種特定菌株在一九三〇年被發現，如今稱爲乾酪乳桿菌代田株。他因此創立一家飲料公司，講究的是產業與科學，而非歷史與傳統。第一批養樂多產品於一九三五年在日本上市[27]。

°O°o°o°.

如今，養樂多的主要工廠籠罩在富士山的影子中，位於距離東京市區兩小時路程的郊區。我抵達工廠時富士山被低雲遮蔽，雨滴不斷落在維護整齊的園區內。一群人撐著傘衝出來迎接我和公司兩名隨行人員，我們一起穿過自動門進入大廳，這裡同時給人一種懷舊與未來感，像是質樸的機能性食品產業明日世界。

這座工廠每天生產大約一百四十萬瓶消費性產品。我的私人導遊是個高大開朗的年輕人，有著爽朗的笑容與梳理整齊的髮型。他穿著公司的白色厚棉布連身工作服與白鞋，給人一種俐落又嚴謹的印象。

這裡的生產設施迥異於陳舊的瑞士乳酪地窖甚至是家庭式希臘優格工坊。從樓上的參觀用走道窗戶向下看，以及走進生產室後，我看到超過一百座閃閃發亮的大型金屬槽和矩陣般的管路及多層的狹窄通道串連在一起。每個大金屬槽高達二十六英尺（約八公尺），容量達八千四百五十加侖（約三萬兩千公升）。這裡想當然耳並未採用接種發酵法。事實上，每做完一批養樂多，金屬槽的內建清潔機就會消毒槽內——機器清掃不到的地方，都會由戴著硬質安全帽與安全護具的工人仔細清理乾淨。你可能會以爲在這個過程中會有一丁點未知細菌進入生產機具，但這些工人全都穿著相同的白色公司連身工作服，必須先通過空氣浴塵室才能進入生產室——要進入金屬槽之前還得再做一次空氣浴塵。公司發給每個人六套白色工作服，只要一弄髒就必須馬上更換。整個作業過程都極爲講究乾淨，簡直像威利．旺卡[28]的益生菌工廠。

不過，養樂多的製程可不是虛構的童話情節，而是從奶粉開始。先將奶粉以熱水溶解再送去滅菌，等到冷卻後將混合液注入乾淨的發酵槽，並將珍貴的乾酪乳桿菌代田株酵種加入混合液中。接著發酵槽的溫度調升至與人體體溫相當，經過嚴格保密的「一定時間」後，這項飲品便冷卻並混合均勻。之後濃縮養樂多再由閃亮的油罐車運送至子公司裝瓶工廠，與可口可樂典

---

27 巧的是大約在相同時期，早期抗生素百浪多息（Prontosil）也首度證實具有抗菌效果。當然，自一九三〇年代至今，抗生素的發展已經迅速超越益生菌的發展。

28 譯註：威利．旺卡（Willy Wonka）是英國兒童名著中的糖果製造商。

型的經銷模式不同。

養樂多工廠分布於全球各地（美國洛杉磯南部也有一家），爲當地消費者生產飲品。不論多偏遠，每家工廠一律使用來自日本「母菌株」的細菌。

而在日本，預定要立刻裝瓶送往當地市場的商品，仍舊以同樣嚴格控管的製程生產。在包裝室裡，正壓氣流可以防止走廊的灰塵或細菌進入包裝室。經典飲品以外的其他養樂多產品都是使用高度厭氧的菌株，這表示即使在裝瓶的過程中，也必須非常謹慎處理液體以避免氧氣混入。因此這家公司開發出一種機器，能讓液體在不接觸到空氣的情況下塡充入紙盒——而第二台機器則負責後續檢查，以確保沒有氣泡混入。正如那位嚮導指出，即使搖晃這些產品的容器也聽不到任何聲音——因爲容器中沒有空氣可以讓液體晃動。

養樂多自一九六三年在日本推出產品近三十年後，公司推出一種新的產品行銷方法：養樂多媽媽。這些婦女至今仍在亞洲及拉丁美洲各地將公司的產品送到家庭及辦公室，類似男性牛奶送貨員，只不過她們都是女性——而且送的是益生菌飲品。這些工作一開始是向消費者說明產品的優點，但如今這種行銷手法已經成爲一個體制和重要的經銷模式。單是在日本就有三萬八千名養樂多媽媽——其他地方還有四萬兩千名。這些婦女不但是公司的特色，也具有重要的文化功能。例如在福島核災發生後，比治山大學的一名學者請來當地的養樂多媽媽幫忙向災民蒐集故事、短文和詩，藉此分享很難向陌生人說明的個人經驗。

養樂多究竟有什麼功用？研究發現，將代田菌株加入實驗飲品，在冬天每天飲用有助於預防上呼吸道感染。研究人員也發現這種菌株有助於年紀較大的成年人提升免疫功能及抗發炎能力。

研究這種人們時常攝取的菌株也讓我們明白自己的腸道環境有多麼複雜——以及我們對於腸道內部實際情況的了解多麼有限。在另一項實驗中，受試者連續兩週每天喝下含有一億個乾酪乳桿菌代田株的活菌飲料（根據公司表示，標準一小份養樂多包含約六十五億個這種菌）。研究發現，雖然這種菌株在飲用後無法在腸道內停留太久，但其存在期間的確能改變其他住在腸道內的微生物，使腸道內其他二十五種菌株的數量出現變化[29]。此外，乾酪乳桿菌代田株也經證實能釋出一種化合物，破壞致病沙門氏菌菌株的活動力。

如今，養樂多公司不僅生產以鋁箔封口的瓶裝甜飲，也將版圖擴大至各種產品與前線研究。自養樂多問世八十年來，這家公司已將事業版圖擴大至許多其他機能性食品，全都由微生

29 不過，值得留意的是，這些改變大多會導致細菌產生的有益短鏈脂肪酸減少。

物學家在實驗室裡研發而成。

這家公司的專門研究機構於一九六七年在東京郊區啓用。一九七〇年代，公司推出含有雙歧桿菌菌株（常見於嬰兒腸道內）的產品——以及藥品，甚至有以乳酸爲基底的化妝品。如今他們正在研究也能餵養益生菌的益生菌化合物。事實上，有些早期的半乳寡糖添加物就是由養樂多公司研發而成，這家公司目前也擁有特別研發的半乳寡糖專利（例如日本養樂菌半乳寡糖〔Oligomate〕），經研究證實這類產品可促進雙歧桿菌及其他有益乳酸菌生長——還兼具甜味劑的便利功用。

接下來公司又著眼於新領域：太空。二〇一二年，養樂多公司推出「太空發現計畫」，目標在於研究益生菌對國際太空站[30]的太空人的效用。「在外太空，太空人的身體會受到許多因素影響，包括生活在非陸地的無重力環境以及太空船等狹小空間內所造成的壓力，以及宇宙輻射線等，」養樂多公司的文獻寫道。「這些因素可能導致太空人的腸道環境改變，進而造成腸道菌叢失衡及免疫力降低……研究團隊的目標在於確認在外太空服用乳酸菌的效果，這些效果已經在地球環境中獲得證實。」養樂多公司也在地球上搜尋新的益生菌菌株，包括回頭探究傳統方法製作的日式醬菜。乳製品身爲益菌載具的未來仍將持續發展下去。

## 乳製品是微生物的重要食物

乳製品不僅是潛在有益的外來微生物載具，也可能是我們體內微生物的重要食物來源——從喝下的第一口就開始發揮作用。

這些食物就是半乳寡糖。多數乳品中都含有極少量的這類益菌生——不論是牛奶、山羊奶、綿羊奶甚至是駱駝奶或馬奶。而人類母乳則含有大量半乳寡糖。

事實上，科學家一直百思不解母乳中包含大量半乳寡糖的原因。他們清楚了解母乳中重要蛋白質、脂肪及消化性碳水化合物的效益，這些物質都有助於迅速提供熱量——尤其對成長中的活潑嬰兒。但母乳中有二十%的碳水化合物無法被人類嬰兒消化，這點著實令人不解。爲什麼像母乳這種經過精密微調、富含能量的產物會包含這麼大量的填充料？

可想而知，答案就是微生物。

**這些半乳寡糖化合物，能促進嬰兒腸道內的雙歧桿菌及乳酸桿菌等益菌生長**。穩定供應的益菌生燃料可以促進這些益菌增殖，進而壓縮外來壞菌的生存空間，甚至有助於產生抗菌化合物，讓嬰兒維持健康。

---

**30** 譯註：國際太空站（International Space Station）是在近地軌道上運行的科學研究設施，也是人類史上第九個載人太空站。

人工製造的嬰兒配方奶粉則無法提供相同的效益。這點不難理解——人類母乳並非一體適用的物質，而會因母體而異，甚至連同一個母體產生的母乳，都會隨著寶寶的成長而改變。其中一項差異就是微生物的碳水化合物糧食的變化。目前研究已發現母乳中含有超過一百五十種不同亞型的益菌生化合物，這些益菌生都經過特別調整，能對不同微生物產生作用並具有不同效果。除了餵養益菌以外，這些益菌生也能防止壞菌入侵（例如造成乙型鏈球菌感染的壞菌），並影響腸壁功能以及細菌對腸壁的附著情況。此外，這些益菌生會提高腸道內的酸度，防止外來細菌入侵並提升人體對鈣、鎂等發育所需重要礦物質的吸收力。

因此，業者一直努力克服這項益菌生挑戰。瑞士洛桑市雀巢研究中心的人類微生物學研究主管恩納·雷佐尼科（Enea Rezzonico）表示，雖然他們贊同母乳是嬰兒的最佳營養來源，但某些媽媽無法哺乳。對這些媽媽的嬰兒來說，能適當餵養體內微生物的配方奶，也會對兒童產生較佳的健康影響。他坦承光是從微生物體分析，就能看出某嬰兒是否喝過配方奶，他們正在努力消除這些差異。其他業者如養樂多公司等，也正在設法研究化合物對於促進雙歧桿菌等重要細菌生長的能力。

**母乳也是導入重要微生物的媒介，甚至可以說母乳就是益生菌的始祖**[31]。母乳會將經過仔細規畫的活菌群帶入嬰兒體內，包括**雙歧桿菌嬰兒亞種**（*Bifidobacterium longum subspecies* *infantis*），通常是嬰兒早期腸道微生物群的主要菌種。這種微生物經證實對於預防感染特別有效——對於免疫系統尚在發育階段的嬰兒來說是一項重要的功能。

哺乳類動物透過母乳將微生物導入後代體內，這種做法已經長達一億年以上。除了這種初期接種以外，我們人類逐漸發展出更多食物調製及保存方法，以便長大成人後持續攝取微生物——包括優格、克菲爾發酵乳、乳酪及許多食物。我們也許永遠無法確知這些美味又美觀的發酵乳品究竟如何發明出來，正如聯合國糧食與農業組織（UN Food and Agriculture Organization）一篇報告以詩意的方式寫道：「發酵技術的發展過程，已經失落在歷史的迷霧中。」

早在這些需要以更精確發酵培養技術及可靠生產技術製造的食品問世前，就已經有更簡單的發酵途徑。這種發酵方法即使沒有人爲干預也能成功，只要略加操控，還能產生精緻又令人驚喜的成果。

31 其實不只是益生菌，母乳中包含的人源微生物，實際上就是為了在腸道內生存與繁殖而存在。

Chapter 5

# 醃漬食品：蔬果

蔬果的發酵傳統既複雜又微妙，
但一般以鹽漬為主的過程都十分簡單，
第一步：將蔬菜泡入鹽水中。
第二步：等待。
第三步：吃。

Consider the Pickle: Produce

常見的美式酸黃瓜，也就是夾在熟食店三明治裡讓麵包受潮；或泡在整罐非自然綠色液體中的東西，與傳統微生物製造出的醃漬醬菜截然不同。古法製作的醃漬食品是靠微生物來帶動醃漬過程，並在過程中增添細緻的風味及潛在的健康效益。現今許多「醃漬」配菜卻是以醋漬爲主的產物，這種製程只會消滅微生物而非培養微生物。

不過，也不是所有的微生物醃漬法都失傳了，家庭廚房及市場上依舊隱藏了一個豐富多元的微生物發酵蔬菜與水果世界，等待我們發掘。

不論是醋醃或微生物醃漬，目的大多在於保存蔬果以便在採收季節後食用，最終產生了具有獨特風味的新食品——口感從微酸到令人皺眉的強烈酸味都有。非醋漬的發酵食品也爲我們的三餐增加了活菌。而這類醃漬醬菜可能具有的健康效益幾乎都相同：在全球各地的文化中，鹽漬食品已被證實與健康有關。日式醬菜據說能幫助消化和預防疾病；而在喜馬拉雅山區，一種名爲sinki[1]的常見發酵蘿蔔，據說可以治療腹瀉與胃痛；夏威夷人很早以前就懂得將發酵芋頭製成芋泥，來治療胃腸問題及嬰兒過敏。雖然我們還在研究這些製程中的微生物作用——及其對我們身體的潛在影響——但這些傳統調理法想必仍具有某些科學依據。

這些多彩多姿的料理及潛在效益，都源自一個意外單一與簡單的製程。

## 世界各地都有醃黃瓜

蔬果上原本就布滿了來自土壤、空氣及植物本身微生物群的細菌和眞菌。植物一旦經過採收就會喪失天然防禦力，微生物因而取得掌控權，進而導致腐敗、發霉與其他各種過程，使蔬果變得愈來愈不具吸引力。

十九世紀以前，只有少數幾種方法能保存辛苦收成的農作物。蔬果可以曬乾保存，但效果時好時壞，也可以用醋滷（一種強酸）殺菌——同樣有好有壞。到了幾百年前，罐頭製造技術終於問世[2]。

控制微生物造成的腐敗過程，也是全球各地多年來常見的保存方法。但我們並非放任野生酵母菌及其他微生物野獸恣意撒野，而是研發出各種方法駕馭及控制微生物腐壞食物的程度，讓食物維持可食用的狀態——甚至讓食物更美味。自從細菌理論問世後，將環境消毒與高溫殺菌的念頭便迅速盛行起來，然而生命本來就有短暫、可取代的特質，發酵就是人類自古以來對

---

1 傳統的sinki做法是先將蘿蔔切丁曬乾，在地上挖個坑生火加熱，塞滿蘿蔔丁後用樹葉、木板、泥巴或牛糞封住坑口。發酵過程至少需要兩週。

2 根據傳說，罐頭製造技術的問世要歸功於來自法國政府的一項要求，當時他們需要一種可靠的方法安全保存大量食品，以便為拿破崙大軍供應糧食。一名法國釀酒商接受了這項挑戰，將徹底煮熟的食物裝入玻璃罐內密封，便可延長食物的保存期限。過了不久，這個製程在英國經過調整改用金屬罐盛裝食物。不久後，罐頭食品就成為軍隊的主食——而後更遍及全球百姓。

這些特質的接納、承認，甚至是欣然接受。

某些蔬果的發酵傳統既複雜又微妙，但一般以鹽漬爲主的微生物驅動醃漬過程都十分簡單。第一步：將蔬菜泡入鹽水中。第二步：等待。第三步：吃。不需要用到醋或高溫殺菌，完成品中也有微生物生存。

這是自然發酵，過程中不需要添加酵種或接種，只要提供適合的環境讓益菌生長即可，當然也需要時間。參與這種發酵方法的微生物來自蔬果本身，而蔬果也是微生物的食物。不論是加入清水或是蔬菜在醃漬和擠壓過程中出水，這些水分都能將蔬果與空氣隔絕，只有厭氧微生物可以大量繁殖，因此可防止發霉。鹽分有助於防止有害的厭氧微生物孳生。細菌在消化過程中會分泌出酸性物質，導致液體環境不利於其他導致腐壞的微生物增殖。幾天或幾週（某些情況甚至需要幾年）後，就有安全、帶有酸味及富含微生物的食品可以享用了。不論是酸黃瓜或德國酸菜，過程都大同小異。

但如果更仔細檢視酸黃瓜瓦罐、罐子或桶子內，情況其實複雜得多，不但令人著迷——也對我們有益。

就像我們體內存在著一個複雜多元的微生物世界，植物的情況也相同[3]。在高鹽度、酸性、缺氧的環境中，只有非常、非常少數的生物能夠存活及繁殖，而這些生物就是我們想要的。只要花一點時間培養這些微生物、增加牠們的數量，並消除不想要的微生物群，這就是多變的醃漬過程的重點所在。如果你曾經嘗試親手製作醃漬食品，就會明白我的意思。

其實，利用微生物進行的醃漬，套一句俗話說，重點並不在於結果而在於過程。從蔬果浸入鹽滷的那一刻，到最後一塊醃菜被撈出爲止，微生物環境都不斷在變化。

在醃漬過程初期，像是不小心混入的黴菌孢子等好氧微生物，很快就會因爲浸泡在液體中無法接觸新鮮空氣而死亡，無法耐受鹽分的微生物也會被殺死。通常在這個階段大量繁殖的微生物之一就是**腸膜明串珠菌**（*Leuconostoc mesenteroides*，在香腸發酵過程中也會發現這種菌，我們之後再談），這種菌喜歡有鹽味、無氧的環境，會釋出乳酸以及二氧化碳。也因此，尤其在醃漬過程的初期，你可能會發現鹽滷中冒出氣泡——如果容器有蓋子密封，可能需要開蓋「排氣」一下。**腸膜明串珠菌**盡責地製造了大量乳酸，導致環境過酸而不適合自己生存，最後落得失業的下場。此時**植物乳桿菌**[4]等嗜酸菌就會開始主導發酵過程。

---

3 微生物的種類十分廣泛，不僅包含細菌與酵母菌，也包括可能高度有害的植物病毒。從一項微生物體研究中得出了一個有趣的間接發現，就是某些植物病毒雖然不會造成人類感染，但即使經過人類消化後排泄出來，還是能存活並攻擊其他植物。「人類排泄物中的病毒真的可以感染植物。」美國加州大學舊金山分校的彼德・特恩博表示。畢竟這是個充滿微生物的世界，而我們只是其中一員。

4 對炎症性腸病有助益，可能幫助改善整體腸道健康。

不過，這絕對不是只有兩種細菌上場的表演。整個發酵過程中會有好幾種、甚至十幾種其他菌種與菌株發揮作用，在環境有利於自己偏好的生活方式時出面主導。在這段期間，這些細菌都快樂地享用蔬果並產生化合物，使環境變得不適合有害微生物生存。細菌的演員名單會依據一開始使用的蔬果、牠們吃的東西，以及牠們生存的環境而異。例如，溫暖的溫度通常會加速發酵，若室溫較低則會減緩發酵過程。

雖然有各種微生物參與，但嚴格來說，並非發酵食品中所有的菌株都屬於益生菌。事實上，許多菌株都尚未經過徹底研究或證實。然而，不論這些菌株的益生狀態爲何，牠們確實都成爲飲食中微生物生命體及基因的額外來源，也許還能帶來我們尚未發現的效益。

利用微生物醃漬蔬菜的做法，據說是在大約在四千年前起源自印度，當時使用的是我們的好朋友——小黃瓜。自此之後，醃小黃瓜在全球許多時代以各種形式出現，幾乎世界各地都有種植小黃瓜。畢竟，一個夏天能吃下的小黃瓜有限。而沒有蔬菜的漫長冬季又讓飲食內容枯燥貧乏，同時也會導致人體缺乏重要維生素。東歐國家自古以來就有醃小黃瓜，每一種都搭配獨門綜合香料發酵。醃小黃瓜也常見於亞洲各地，包括尼泊爾的醃小黃瓜khalpi。

簡易食譜

# 酸黃瓜

對發酵食品好奇嗎？做這道酸黃瓜幾乎不用費什麼工夫，製作過程十分輕鬆，而且容易搭配日常飲食。要製作具代表性的德式酸黃瓜，你只需要小黃瓜、罐子、一些鹽和調味料，以及一點時間。

- 準備1～2磅（約0.5～1公斤）的新鮮小黃瓜（任何品種皆可），體型愈小愈好。將小黃瓜洗淨後放入乾淨的罐子或瓦罐內。
- 在罐中加入任何調味料，像是新鮮蒔蘿、剝皮大蒜瓣、芥末籽等。許多自製酸黃瓜的人也會建議加入葡萄葉等高單寧酸食材，讓酸黃瓜保持爽脆口感。
- 將1～2大匙鹽加入幾杯水溶化後倒入罐中直到淹過小黃瓜。在最上方壓上重物以確保所有食材都浸泡在鹽水中。（許多自製酸黃瓜的人都會以塑膠袋裝滿鹽滷當作重物，萬一塑膠袋破裂也不會導致罐內鹽滷被稀釋，此外鹽水袋還可以隨容器的形狀而改變。）凡是暴露在空氣中的蔬菜表面都適合酵母菌孳生（也就是發霉），雖然對這批酸黃瓜通常不會有害，但看起來也不怎麼美觀。
- 將酸黃瓜放置於室溫下，幾天後再看情況。經過幾天至一週的時間，這些小黃瓜應該已經成功發酵（如果水變得有點混濁請不用擔心）；如果喜歡更酸一點的醃黃瓜或是在溫度較低的地方發酵，可以放久一點再吃。等到酸黃瓜發酵至自己喜歡的程度後，再將罐子加蓋放入冰箱冷藏，可保存數週至2個月。

如今有愈來愈多商店開始在冷藏食品區販賣以富含微生物的鹽鹵少量醃漬而成的醬菜。由於做法簡單，這種自古流傳的醃漬法也成爲家庭自製發酵食品時常用的方法。

## 德國酸菜的祕密

可以做成醃漬醬菜的不只小黃瓜，還有甜菜根、大黃莖、綠番茄、紅蘿蔔、洋蔥、大蒜、木瓜、薑、白蘿蔔、蕪菁、羽衣甘藍，當然還有辣椒。不管是你想吃或不想吃的蔬菜，幾乎都可以醃漬。

有一種常見的醃菜就是將包心菜發酵製成德國酸菜。我和許多人一樣，小時候餐盤裡偶爾會出現德國酸菜，而小孩子大多不愛這道菜。這種市售的德國酸菜來自家中食櫥的深處，通常直接倒入平底鍋中放到爐火上加熱一下便端上桌，隨意擺在豬排旁邊（但大多只會被推到一旁，乏人問津）。在元旦前夕，我母親會哄我的兄弟和我吃一口德國酸菜以求好運，這是德國的傳統。

如果你體內的微生物體能從這類德國酸菜獲得許多好處，這的確是一種好運。但經過高溫殺菌與烹煮，德國酸菜中已經沒有多少微生物了。即使在德國，如今許多人吃的酸菜也同樣缺乏生命。

以傳統方法製作的德國酸菜確實含有許多微生物，這種方法至今仍被許多家庭煮夫煮婦及手工醬菜製作者所採用。這個製程具有許多潛在的效益（口感更好、風味更佳等），而且做法很簡單。將包心菜撕成小塊加鹽搓揉，直到蔬菜細胞破裂出水。等到水分多到淹過包心菜後，就將醃菜與汁液一起裝進容器中，讓包心菜葉泡在液體中，接著就交給時間和微生物來施展魔法了。

包心菜轉變爲德國酸菜的過程分爲幾個階段，期間會產生一系列不同的微生物。就像其他發酵蔬菜，德國酸菜也包含乳酸桿菌菌株，而這些菌株原本就存在於包心菜菜葉上。近期研究在德國酸菜中發現了爲數驚人的微生物種，包括**短乳桿菌**[5]（*Lactobacillus brevis*）及**植物乳桿菌**[6]。希望這些益菌也能創造出酸性環境，讓可怕的**肉毒桿菌**[7]等病原體難以生存。

除了這個基本觀點以外，科學仍未透徹了解這個不起眼的配菜。「從微生物的角度來說，你會以爲我們對這個極爲古老的蔬菜發酵法瞭若指掌，」塔夫茨大學的班傑明．沃爾夫說：「這個製程這麼簡單，只要把包心菜切一切，撒上鹽，放進罐子裡，然後德國酸菜就做好了！

---

5 據說可促進免疫力。

6 可增加抗氧化物且已證實可減少有害腸道菌種。

7 *Clostridium botulinum*，造成肉毒桿菌中毒的罪魁禍首。

簡易食譜

# 德國酸菜

傳統的德式酸菜材料很簡單：包心菜和鹽，其他如葛縷籽[8]等佐料可視喜好添加。所有材料都必須放入乾淨的發酵容器中，罐子、瓦罐或手邊現有的容器都行。

- 將包心菜切成細絲放入大碗內，每1～2磅（約0.5～1公斤）包心菜加入約一大匙海鹽。這可以讓包心菜出水，同時也可避免有害微生物在鹵水中孳生。
- 用雙手將包心菜大致搓揉過，兩手盡可能用力擠壓。這個步驟的目的在於破壞細胞壁，盡可能讓包心菜釋出水分，直到水分足以完全淹過包心菜。不要將這些水倒掉——之後會用到。
- 將包心菜及水分倒入準備好的發酵容器，也可加入更多鹽及其他佐料。
- 將包心菜往下壓，使其完全浸入液體中。一定會有一部分包心菜再度漂起來（因而成為黴菌或酒酵花孳生的場所，在發酵液體的表面形成一層膜），因此必須設法讓包心菜泡進液體中。有些人會將大小適中的盤子放進容器內再壓上重物，例如石頭、沉重的盤子或裝滿鹵水的塑膠袋。
- 如果你的容器無法加蓋，可以用粗棉布（或其他棉布）覆蓋容器開口，以避免灰塵或其他體型較大的生物跑進去。
- 接著只要等待就好。將容器放置在涼爽處，過程中別怕試吃味道。由於環境差異（尤其是溫度），試吃是判斷何時醃好的最佳方式——而非預定發酵期間。當然，「醃好與否」完全視個人偏好而定。有些人喜歡爽脆清淡的口感，有些人則想等到泡菜變軟且充滿強烈氣味。
- 等泡菜達到你喜歡的發酵程度後，將剩餘的酸菜及汁液裝罐放入冰箱冷藏以減緩發酵。

但眞正的基本原理完全是個謎。」舉例而言，他說：「不同地方種植的包心菜，菌種是否也會不同？」在沃爾夫位於波士頓郊區的實驗室裡，他們正在進行他所謂的「產地直達腸道的德國酸菜計畫」，因爲他說：「結果發現，不起眼的德國酸菜居然藏有大學問。」

除了補充微生物以外，德國酸菜及其他發酵蔬菜也能爲餐點增添新風味：德國酸菜也就是「酸的包心菜」。這種酸味來自乳酸桿菌等忙著分泌乳酸的細菌所產生的酸性物質。有些人覺得這種味道需要一段時間才能適應，不過一旦你習慣了料理或配菜中發酵食品這種刺激的口感，少了這一味兒，餐點似乎就顯得平淡無趣。而活菌發酵食品（尤其是自製發酵食品）的優點，就在於你多少可以控制這些食品的風味及口感。任何一位在家嘗試自製發酵食品的人都會告訴你，如果將冒泡的發酵食品擺太久，就會出現味道更奇怪、口感更軟的成品。但只要抓到最恰當的時機嚐一口，就能吃到清脆、濃烈的完美口感。

相較於商店貨架上經過高溫殺菌的軟爛酸菜，自製的微生物泡菜具有令人喜愛的脆度與清爽的酸味，吃的時候還能順便攝取大量的乳酸菌。

就像多數發酵食品一樣，全球許多地區都有不同的泡菜。有些使用的是切絲包心菜，有些則是以整顆發酵包心菜製成，例如韓式泡菜、日式醃白菜或東歐的泡菜。有些會加入葛縷籽，有些則會加入紫菜甚至是發酵磷蝦。

## 醃橄欖，希臘衆神的禮物

發酵賜給我們的另一項禮物，隱藏在經典地中海料理、提味醬汁或裝飾用前菜中，那就是醃橄欖。像橄欖這種能風靡全球長達數千年的水果很少見。橄欖一開始的吃法是直接從樹上摘下來品嚐，但多數橄欖的口感都太苦澀，難以下嚥。因此大約數千年前，地中海地區的人們發現透過發酵可以去除這種苦味。

就像標準的美式酸黃瓜，如今多數橄欖都欠缺微生物，是以工業化製程生產，利用鹼水（又稱小蘇打）去除橄欖的苦味鹼性，接著再泡進簡單且無微生物的鹵水中，權充富含微生物的傳統自然發酵橄欖。

另一方面，經典的天然食用橄欖仍以自然的發酵冒險歷程製作。如果你找到以這種方式製作的橄欖，那就是一種美味的複合式點心，還能補充微生物。要尋找這些古法製作的橄欖，沒有一個地方比希臘更適合了。

從雅典大都會驅車朝東北方前進，可以從高速公路下層通道的空隙瞥見群山，也就是傳說中宙斯觀看重大戰役[9]的地方。我和一名吸菸的希臘微生物學家及一名科學家同事擠在一輛小車內，展開這趟尋找微生物發酵橄欖的旅程。從雅典市中心出發約一小時後，我們穿過一座橋進入尤比亞島（又稱爲艾維亞島），那是希臘的第二大島，島上滿布著古老橄欖樹園的丘陵從海邊隆起，朝向松林密布的巍峨高山綿延不絕。離開主要幹道橫越這座島的途中，我們經過一座座小鎮，等待放牧的山羊過街，也看到在路邊採野菜的老人。

其中一條小路通往一座名爲魯維斯（Rovies）的濱海小村。我們在這裡找到了想見的人，也就是尼可斯．瓦里斯（Nicos Vallis）。他大約三十五年前就在這片土地定居，雖然已屆退休之齡，卻依舊在橄欖園裡工作。早在一八二〇年代希臘自土耳其人手中奪回這片領土後，這座橄欖園便由瓦里斯妻子的家族擁有。他也是當地橄欖合作社的主席，致力於推動當地果園有機化，並鼓勵合作社加工廠由鹼水加工改回自然發酵法，如今這座工廠每年加工處理約十萬噸橄欖。但在埃及亞力山卓（Alexandria）出生及求學的瓦里斯，在一九八〇年代初期來到這片風景如畫的地方時，他對種植橄欖根本一無所知——對發酵橄欖的瞭解更少。

合作社的小工廠就座落於海濱上方，一邊可以俯瞰海灣，另一邊則可眺望高聳的山丘，平靜的海洋就在橄欖園旁。陽光溫暖地照在戶外發酵槽上，在山景的襯托下，微風輕送、鳥鳴啁啾。雖然工廠內的分類輸送帶偶爾傳來機械運轉的聲音，以及持續討論微生物基因的交談聲，

---

8 譯註：Caraway seed，原產於歐洲和西亞，果實是一種香料，可用於烹調或入藥。

9 根據傳說，雅典這個城市因為一株橄欖樹禮物而贏得女神雅典娜的歡心，因此能以女神之名為名。這株橄欖樹種植於雅典衛城，據說在這座城市建立後已活了數個世紀之久。

但整個過程都有一種特殊的永恆感。

在一棟長形建築物中，天窗照亮了這個斯巴達式的簡樸空間。拱形屋頂賦予下方進行的儀式一種虔誠的氣氛。在這裡，橄欖要經過八到九個月時間才能從難以下嚥的苦澀果實轉變爲美味的點心。二樓的走道下方有一排排深底長方型木桶，有些原始木桶至今仍在使用，橄欖就在其中與鹽、水及一點帶動發酵過程的乳酸一起慢慢發酵。古老木板以石蠟密封，避免空氣及碎石頭進入桶內。長柄木耙在一旁待命，準備對一批批橄欖進行漫長的攪拌。

瓦里斯以長時間醃漬的橄欖及製作過程的單純爲傲：「我們只是把橄欖泡進鹵水裡。」他說。相較於以鹼水處理而且只醃漬幾個月的橄欖，他的罐裝綠橄欖顏色較深，顯得黯淡了一點，而且需要好幾個月時間熟成。他的橄欖口感較脆也較苦。遺憾的是，他說，現在的消費者都習慣了鹼水處理過的橄欖鮮豔的顏色、較軟的口感以及較平淡的風味。我從生產線上直接拿起橄欖試吃，發現這些橄欖有強烈又複雜的風味，鹽味與辣味相互爭鋒。我從小就喜歡吃水水的黑橄欖（喜歡到小時候每年聖誕襪裡出現一罐這種黑橄欖都讓我歡天喜地），長大後則在講究食材的餐廳裡吃過油漬香料橄欖，但我從沒想到橄欖是醃漬食品。不過，這些希臘橄欖盡情展現的成熟精緻風味，透露了幕後的精心製作過程。

爲了進一步了解這個過程，瓦里斯一直與我的駕駛朋友，也就是微生物學家艾菲·札卡里杜（Effie Tsakalidou）以及她在雅典農業大學的研究室合作。

自然發酵的橄欖大多會經過三個階段。在最初幾天酸鹼值還在中性時，會有各種微生物孳生。接下來隨著酸鹼值往下掉，**植物乳桿菌**等乳酸菌及耐酸酵母菌開始主導，在接下來幾週讓酸鹼值進一步降低。這些菌叢會持續到發酵的最後階段，**異常畢赤酵母**（*Pichia anomala*，在葡萄酒的初期發酵階段也很活躍）、**釀酒酵母**（*Saccharomyces chevalieri*，另一種葡萄酒酵母菌）及其他酵母菌也會大量繁殖。

有多項研究發現各種自發性發酵橄欖均包含豐富的微生物群，有些還可能含有益生菌株。有一組團隊研究西西里島傳統發酵的食用橄欖，發現區區三．五盎司（約九十九公克）的橄欖就包含了大約十億個**植物乳桿菌**或**副乾酪乳桿菌**[10]活細胞（兩者均爲益生菌株）。另一篇論文的作者群發現了兩百三十八種不同的乳酸菌株，其中有十七種菌株具有成爲益生菌的潛在可能，尤其是植物乳桿菌的其中一種菌株（S11T3E菌株）最具有益生菌特性，能夠抑制李斯特菌（listeria）等壞菌孳生。

雖然瓦里斯已經種植及發酵橄欖長達數十年，但他對於宣揚自然發酵橄欖的福音依舊熱情

10 譯註：*L. paracasei*，又稱為ＬＰ菌，是乳桿菌屬中的一個菌種，也是台灣著名的益生菌。

不減。「我只是努力盡可能讓愈多人知道愈好。」他說。他的小舅子史蒂芬諾（Stefano）認為微生物發酵橄欖的好處已經不證自明：「你不用再額外證明什麼，」他說。「從味道就吃得出來。」試吃之後，我也同意他的看法。

## 日本的酸梅和米糠醬菜

與希臘長期發酵橄欖相距半個地球之遠的另一個國家，數千年來，也維持著活躍且講究的醃漬傳統。傳統日本料理包含了許多醃漬醬菜——從短期發酵的蓮藕到長時間醃漬的酸梅都在其中。

日文裡醃漬食品泛稱為「漬物」（也就是醃漬的食物），所有料理都可以在特定食材或程序加上「漬」這個字來表示「醃漬」的意思。除了單純透過微生物讓食物變酸以外，漬物也讓我們從更廣義的角度來看食物。「漬物就是轉變。」旅日五十多年的美籍美食作家及廚師伊麗莎白．安達（Elizabeth Andoh）說。我們約在澀谷繁忙十字路口旁的飯店內見面喝茶，她說了對日式醃漬法的看法。

安達在她東京的家中開了漬物手作課，天氣晴朗時，可以從她的家中遠眺備受尊崇的富士山。每一堂醃漬課程開始前，她都會問學員（通常來自美國或英國），他們認為醃漬的要素與目的爲何。許多人都回答醋之類的答案，她表示：「幾乎所有人都說是爲了把夏季豐盛的食材保存到冬季。如果你對美國——或至少是英語系國家——的聽眾提到**醃漬食品**，他們通常都會這麼想。但漬物根本不是這樣，」她說。「沒錯，有些是爲了保存食物過冬。」但大多數漬物「其實一年四季都有。」**漬物是季節、微產區以及歷史遺產的表現**，她以一連串優美渾圓的音節接連說出各種漬物和地區的名稱。這些發酵食品成爲味道強烈以及可能有益健康的配菜，幾乎每一餐都有這些產品裝飾與提味。

從散壽司到便當，日式餐點中幾乎一定會出現的一種漬物就是「沢庵」，也就是醃黃蘿蔔，這個名稱源自十七世紀著名的佛教作家沢庵宗彭，據說這種食物由他所創。淺土黃色的白蘿蔔在醃漬過程中會轉變爲鮮黃色，這都要歸功於加入了黃梔子果實，醃黃蘿蔔通常在飯後切片食用。我試吃的醃黃蘿蔔吃起來並非香辣或清脆，而是帶有一種柔和甘醇的風味與口感。但在其他調製方法中，額外加入辣椒或採取不同的發酵時間，也能讓醃黃蘿蔔產生辣度或較硬的口感。

另一種在日本幾乎無所不在的醃漬食品就是酸梅，以梅子製成，也就是一種介於李與杏之間的果實。這種柔軟的醃漬果實通常在早餐或午餐食用，大多用來配飯。在便當盒裡，酸梅通常會放在一盒長方形白飯的正中央，做成以日本國旗爲名的日之丸便當。據說酸梅可以提神[11]

和預防疾病，這都要歸功於其降低酸鹼值的能力。有一個常見的說法是，這些效果強大的醃漬物甚至能避免因便當盒白飯受到汙染而導致的食物中毒。安達表示，這項功績「顯示出古人的智慧」。

酸梅的傳統可以追溯至數百年前，早期文獻甚至顯示酸梅起源於一千多年前。在許多地方，製作酸梅的過程從古至今幾乎代代不變。酸梅通常都在六月採收，曬乾後加鹽，與紅色的紫蘇葉一起塞緊裝罐，發酵後便成爲這項重要的產品。安達表示，要醃製酸梅，首先必須要準備份量充足的梅子，才能達到正確的重量與質量以便將罐內塞緊與醃製。事實上，她說，「如果沒有用到十公斤以上的梅子，是做不出好酸梅的」，她說這還是最起碼的份量。她以前會加入團體，每年春天大家一起醃製酸梅，份量大約是三十公斤，也就是六十六磅，然後將成果分給所有成員。安達會帶著幾磅重的酸梅回東京，「差不多夠我吃一年。」她說，不過「多數日本人都會將做好的酸梅擺上好幾年才吃。就像陳年葡萄酒一樣，兩、三年的酸梅通常比剛做好的更受歡迎。酸梅的味道會隨著時間變得更香醇，而不會臭酸。」安達說，只要製作方法正確，酸梅「理論上可以永久保存」。

對於不常吃的人而言，酸梅的味道或許會讓人大吃一驚，因爲它帶有強烈的酸味與鹹味，連有些日本人也覺得酸梅的味道有點太強烈。有一群日本研究人員在探討腦部味覺中心的活化時，便請日本自願受試者在接受功能性磁振造影掃描時只要**想著**吃這些酸梅的情況就好。研究人員寫道，自願受試者的嘴唇連酸梅都不必碰到，光是想到「強烈的酸味」，研究人員就能「觀察到大腦活化的情況」。

除了這些以鹵水醃製、較常見的漬物類型以外，日本也是某種特殊醃漬法的起源地，這種醃漬法並非將食材浸泡在鹽水中控制發酵程度，而是以細心培養的濕米糠床來醃漬，也就是將食材埋在米糠裡的醃漬法。

米糠醬菜比傳統的浸泡式醬菜更講究時間。安達表示，米糠醬菜大多可以在一天內甚至是幾小時內做好。這些「速成醬菜」在微生物方面並不遜於較長時間發酵的醬菜。事實上，這種製作過程甚至讓醬菜更具吸引力。

要製作保存在專用米糠罐裡的米糠床，首先必須將烤過的米糠、水、鹽混合做成潮濕的米糠醬，以便水果及蔬菜在其中進行轉變。有些人除了放入新鮮蔬菜以外，也會加入昆布或啤

11 如果這種食品好到足以讓武士帶上戰場，對我們應該也會很好。

酒，以便增添風味與額外的微生物。米糠醬必須每天用手攪拌一、兩次，加入新蔬菜或蔬果皮以新增微生物。經過一、兩週，米糠醬就會含有大量的酵母菌與乳酸桿菌——可以開始準備醃製了。

這種醃漬法可能是在碾米技術問世後才出現，所謂的碾米就是將白米與外層米糠分離（在日本已經實行十個世紀之久），剩下的廢棄物也會拿來做額外的有效利用。但除了這種深入日本文化與料理、物盡其用的民族特性以外，米糠醬菜也是對季節的禮讚。

季節在許多方面都對米糠產生影響，首先就是溫度的變化，溫度愈高，醃漬時間就愈短。例如，安達說，在夏季，她會「在午餐前才將小黃瓜放入米糠醬中，準備晚上吃，而在冬季則需要二十四小時，所以吃過晚飯後，我會把小黃瓜放進米糠醬準備隔天晚上吃。」

季節對米糠的另一個影響，就是決定放入米糠醬醃漬的蔬果種類。「某些東西會在一年中的某段期間醃製，」安達說。例如夏季盛產的茄子通常會抹上鹽與鹼水再放入米糠床內。不過，安達表示，經過一個夏季，米糠床「開始出現一點霉味」。就在米糠床需要拯救時，柿子的產季來了。到了秋季，「將柿子皮放入米糠罐可以去除〔米糠醬內〕不需要的化合物，還能增添一絲甜味。我相信這其中想必有某種化學原理，但這就是前人累積的廚房智慧，經驗的傳承。」她說[12]。

這讓人不禁想知道，這缸潮濕的米糠醬內究竟發生了什麼事。

這個問題或許終究無法得到答案——至少無法有明確的答案。首先，家家戶戶都有米糠床，這些米糠床在各自的環境中生活，時常被打開接觸空氣（不像鹵水是受到較多保護的厭氧環境）。米糠醬每天還會被人徒手攪拌，這表示每罐米糠床都不相同：有來自環境及醃製者雙手上各自不同的微生物組合。正如安達間接提到的，米糠床的特性也會隨著埋入米糠床的食材而改變，每種食材都帶有自己的細菌與酵母菌組合。

由於上述種種因素，米糠並沒有基本的單一微生物組成。多數的米糠醬罐內都充滿了乳酸桿菌菌種，某個研究團隊在一個米糠床內發現了強韌的**屎腸球菌**（*Enterococcus faecium*）菌株（部分這類菌株可用於製作益生菌），可以有效預防李斯特菌等病原體。米糠床是個豐富又充滿活力的環境，不斷成熟等著人們進一步研究。

儘管具有各種效益，但米糠罐並非一時興起下的產物。米糠床有生命，有些已經有好幾代的歷史而且持續受到照顧。如果沒有定期攪拌與照顧，米糠床可能會死亡——而它的特性與微

---

**12** 過去大多是根據對自家米糠的了解來做這些調整。「我的婆婆知道，只要放一瓣大蒜到醬菜缸裡，大蒜會變成藍色，放一塊薑進去，薑會變成粉紅色，就表示米糠醬的酸鹼值正好，」安達說。「她不知道其中的原理，但就是知道這表示米糠醬的狀況正好。在她必須調整米糠醬的時候，她不清楚米糠醬到底好了沒，這就是她確認的方法。重點就在於觀察。」

生物也會隨之消失。人們幾乎把自家的米糠罐當成寵物，這種醬菜製作法至今仍在日本全國的家庭廚房內實行。

安達喜歡這種米糠醬菜的醃製節奏，並表示她的米糠罐「對我來說十分重要」——不過她說這個米糠罐其實並不完全是她做的，而是由「我婆婆的婆婆開始。」她推估這罐米糠醬大約有一百五十年的歷史。安達說，在日本，醃醬菜包含了時間與空間的「轉變知識」，換句話說，就是文化的傳遞。

## 韓國的國民料理：泡菜

要將蔬菜變成美味的活性發酵食品，並不只有製作傳統醬菜、德國酸菜及橄欖等幾種方法而已，首爾繁忙的京東市場就展示了許多製作方法。

丹尼爾．格雷（Daniel Gray）是在美國受教育的南韓餐廳經營者及美食專家，也是我的一日市場導遊，他指給我看一攤又一攤種類多得驚人的不同發酵食品。除了醃漬蔬菜以外，市場裡也有各式發酵醬料、活菌醋、豆泥、甲殼類動物等許多食材。

格雷表示大家早有知道這些食物有益身體健康。「韓國人把食物當成藥，」他說。「味道雖然很重要，但有益健康又勝過一切。」他說，不僅如此，「你吃什麼食物，身體就會受到什麼影響。」這個想法有助於我們許多人在日常生活中更常停下來思考。

這種與傳統的關聯也影響了製作過程。他說發酵食譜代代相傳，你或許會多少做一點調整，但成功發酵的重點，就在於它能「讓你想起媽媽的味道。」

然而，在古老醬菜傳統的遼闊世界裡，有一種醬菜凌駕於其他醬菜之上，那就是——韓式泡菜。

嚴格來說，發酵包心菜不只是韓式酸菜，以最標準的型態而言，韓式泡菜幾乎都會包含青蔥、白蘿蔔、辣椒、薑、鹽、發酵魚露，將這些食材全部緊密塞入陶罐中埋在地下放置數個月以待熟成。

韓式泡菜一向以營養價值高著稱，且含有大量維生素與纖維。以傳統方法製作的韓式泡菜也包含大量恰如其名的**泡菜乳桿菌**（*Lactobacillus Kimchii*）菌叢。

但這不表示會讓人吃第一口就愛上。

泡菜在韓國隨處可見，可以當成小菜、做成鹹煎餅，也可以當成湯底及燉菜的基底，連飯店的自助式早餐都看得到泡菜。在美國的韓式餐廳用餐時，我會盡責地只吃一點點裝在小碟子內滿是鮮紅斑點的包心菜及蔬菜泡菜，配著白飯一起吞下肚。我並不特別挑嘴（在我的味覺征服履歷中，我吃過的東西包括螞蟻、洛磯山脈蠔[13]和活章魚腳——而且大多樂在其中），而且我從小到大就認爲醃墨西哥辣椒是標準的漢堡配料。但不知爲何，韓式泡菜對我而言挑戰性就比較高，帶有一種令人難以適應的嗆鼻辣味。

泡菜是重口味又迷人的食物，充滿了複雜多變的微生物群，也是重要的益菌生纖維。有這麼輝煌的履歷，這種食物不應該讓人只敢淺嚐幾口而已。我在這個國家的第一天早上所吃的一口泡菜，讓我接下來的一星期像是無止盡的辛辣包心菜葉一般展開。不過，我還是必須進一步了解這個無所不在、五花八門而且充滿微生物的食物。

韓式泡菜無疑是南韓的國民料理。而韓國人也不隨便對待這個稱號，平均每人每年吃掉四十磅（約十八公斤）的泡菜[14]。韓國有設計優美的泡菜博物館，第一位韓國太空人李素妍還帶著泡菜一起上太空。

泡菜是韓國文化的精髓，連製程也有自己的名稱，叫做**越冬泡菜**（Kimjang或gimjang）。至今仍有許多村莊會過越冬泡菜文化節，這個節日也被聯合國教科文組織列爲無形文化遺產。每年秋天這一天，婦女都會聚在一起，通常在一個露天的大中庭，將數百顆包心菜做成來年準備要吃的泡菜。

泡菜的基本製程就從包心菜開始，先將包心菜泡鹽水，另外將青蔥、白蘿蔔、大蒜、薑、紅辣椒和蝦醬混合。現在將調好的醃醬與包心菜混合，每片菜葉都抹上醃醬，接著將包心菜捲好放入容器內發酵，然後等著享用。

雖然這種「標準」泡菜十分普遍，但這種食物就像這個國家本身一樣多元，山城與海村的當地泡菜食譜都是代代相傳。目前已獲得承認的韓式泡菜就超過了一百八十種。

某些地方會製作的泡菜以白蘿蔔爲主，只使用少量包心菜。有些泡菜則使用水果來增添酸甜口感，例如宮中泡菜梨是以白蘿蔔、水梨、柑橘製成，用石榴及紅辣椒粉染成紅色，再切片擺盤成美麗的花朵。也有白泡菜，這類泡菜的醃料包括蔥、白蘿蔔、大蒜、棗子、薑和紅辣椒丁。在泡好的包心菜內塞入這些佐料，再倒入發酵魚露讓整顆包心菜發酵。

其他泡菜是以魚類爲主要醃料而非蔬菜。韓國某個地區會製作青蔥及魷魚乾泡菜，這種泡菜裡的魷魚必須先炒過，才能在發酵後仍保留嚼勁。其他地方則喜歡口感較滑順的魚類泡菜。

---

13 譯註：Rocky Mountains oysters，其實就是公牛睪丸，有時也會用豬或羊的睪丸代替。

14 如果用微生物來計量，相當於每年有一兆八千一百四十三億七千萬隻乳酸菌——以及其他許多微生物——進入每個人的腸道。以我們的腸道環境來說，相當於每年光透過泡菜為體內補充的菌數，大約就相當於原生菌叢數量的二十分之一，而且過程中這些微生物也會與身體的各個系統互動。雖然四十磅的泡菜聽起來很了不起，但以一年的時間平均來看，每天的攝取量還不到兩盎司（約五十七公克）。這點也顯示這些發酵食品雖然不是主要焦點，卻是整體韓國料理中一個悉心納入的面向。

以白帶魚製作的泡菜，魚肉要先單獨發酵直到魚骨軟化，才能做成這道備受重視的料理的柔軟醃料。「我們把白帶魚泡菜埋在土裡，彷彿那是祕密藏寶箱。」泡菜間博物館（Museum Kimchikan）內一部談泡菜製程的紀錄短片中，一名年長韓國婦人這麼說著，她至今仍以傳統方式製作這種泡菜。這種泡菜被當成一種珍饈，只有在特殊場合及重要貴賓來訪時才會拿出來品嚐。

這些變化多端的泡菜只是體會這種食物迷人多樣性的開端。泡菜發酵食品中包含的各種微生物來自食材，通常包括那些發酵過的食材，像是魚露。這些食材的確包含了大量微生物，一公克的發酵泡菜就包含了大約一億隻乳酸菌。

為了從科學的角度進一步了解這種充滿生命的辛辣食物，某個下雨的春日早晨，我來到韓國食品工業發展研究所。這間研究所座落於首爾郊區林木繁茂的山丘上（要跑這一趟，必須先在善良的翻譯人員協助下摸索這個城市的公車系統）。走在通往研究所警衛室的濕漉漉山坡上，進入研究所後，我們穿過走廊與李明基（Myung-Ki Lee）見面，他是研究所的主要微生物研究員，已經研究發酵食品好幾年。

如果我們以爲自己正要開始了解德國酸菜的微生物情況，泡菜又是截然不同的黑盒子（或微生物盒子），單是一種泡菜就可能包含超過一百種不同的微生物類別。如果考慮實際情況，這種多元的微生物陣容甚至更爲驚人，「在冬天，韓國人的餐桌上通常會有三種不同的泡菜。」李用韓語夾雜英語說著，兩種語言都經過口譯員過濾。儘管面對這些數量驚人、龐大又多元的微生物群，他和同事仍想進一步了解泡菜所包含的複雜微生物世界。

對微生物學家而言，泡菜是重口味又迷人的食物，部分原因在於泡菜包含了許多不同的微環境。優格等以相同方式發酵的食品大多都有相當單調的基底——盒子裡某一塊區域的優格和其他區域的優格大同小異[15]，但泡菜可說是一個行星，有陸地和海洋，可以讓各種微生物找到適合自己的棲地。「泡菜有葉子、根部，有固態生態系統，也有液態生態系統，」李說。「泡菜因爲具有不同的生態系統，因此可以讓許多不同種類的微生物生存。」

有一項試驗在五種不同的市售包心菜泡菜中發現三百四十八種微生物菌株[16]。這項研究發現其中最常見的微生物就是**高麗魏斯氏菌**（*Weissella koreensis*），也就是一種具有抗菌特性且

---

**15** 只有少數情況除外，例如芬蘭的凝乳優格（viili），這種優格的表面有酵母菌生長，可以取得表面上方的氧氣，又可以汲取表面下方的養分。

**16** 相較之下，多數益生菌補充劑或市售優格只包含幾種菌株。

可能有助於對抗肥胖的乳酸菌株。這些研究人員也發現了在其他發酵食品中較不常見的菌株，包括**清酒乳桿菌**（*Lactobacillus sakei*），這種菌株也存在於某些陳年香腸中，已證實有助於調節免疫系統及緩解濕疹。此外，研究人員也發現至少一種前所未見的全新**乳桿菌**種，這表示在各式各樣的自製泡菜中，想必包含了一整個菌種及菌株世界等著被發掘。

這些驚人的片面發現只透露了一部分資訊。泡菜在整個發酵過程中不斷被人食用。「我們從泡菜剛做好就開始吃了，」李說。「隨著時間過去，我們還是會繼續吃這批泡菜。」

李說，由於發酵持續進行，「主要的微生物也不停改變，」因此泡菜成爲多元微生物的豐富來源——但也極難將其中的微生物分類。「乳酸菌通常是主要微生物，」他表示。但在持續發酵的不同階段中，可能會有完全不同的屬成爲主要微生物。「初期階段通常以**乳酸鏈球菌**爲主，但到了後期階段則以**乳桿菌**爲主。」他說。李解釋，從這個角度來看，泡菜與乳酪及優格大不相同，乳酪和優格的成品包含的微生物相對來說有一定標準。我問李是否考慮過將「泡菜微生物體」做基因定序，他笑了起來。想必沒有單一個微生物組成可供基因定序。

互相爭奪領土的微生物群也會在其主導期間對泡菜的口感與風味產生微妙的影響。隨著發酵持續進行，原本口感爽脆的蔬菜逐漸變軟，風味也從新鮮轉變爲濃烈。

爲了進一步控管這個發酵過程對吃泡菜的人產生的整體影響，製造商還發明了專用的泡菜冰箱。泡菜冰箱的大小與小冰箱或葡萄酒控溫櫃相當，這些小型家電在韓國長期吃泡菜的傳統中扮演了舉足輕重的角色。泡菜冰箱問世的原因之一，就在於在首爾很難找到一塊不受干擾的土地埋泡菜罐，而泡菜又是需要長期大量儲存的重要日常食物。

正如李所言，這些泡菜冰箱還具有另一項重要的特殊功能，就是微調溫控。「發酵最重要的因素就是溫度控制，」他說。「隨著溫度改變，也會有不同微生物群大量繁殖。」李也實際與一家泡菜冰箱製造商合作設計溫度調節設定，以便消費者能依照自己的喜好控制泡菜的發酵程度。「舉例來說，如果你想讓泡菜多一點碳酸口感，透過調整溫度就能達到目的。」他說。「如果你希望泡菜的酸度明顯一點，只要調整溫度讓特定微生物繁殖，就能使泡菜變得更酸。」古老的傳統也能搭配現代科技。

雖然泡菜既常見又普遍還包含大量微生物，但也正因爲這種食物的種類繁多，因此意外地難以被歸類爲明確的「益生菌」食物。「這就是問題所在，」李說，「因爲泡菜的種類太多了。」他的研究工作一直側重於包心菜泡菜。但是「有許多不同種類的配料被加入泡菜裡」——因而改變了微生物態勢——「因此很難判斷哪一種功能性效果來自哪一種包心菜，哪種效果又來自其他食材。」而且這些微生物只有極少數經過研究與測試，以了解其可能爲人類消費者帶來哪些特定效益。但由於乳桿菌種類繁多，包括能提升免疫力的**清酒乳桿菌**，以及來自許

簡易食譜

# 經典韓式泡菜

要製作我在首爾泡菜學院學到的經典泡菜，需要大白菜、白蘿蔔、青蔥、名爲gochugaru的韓國紅辣椒粉、芝麻、鹽、魚露和薑末（可在專賣店購買或自己用新鮮薑塊加少許水打成泥）。可視喜好添加的食材：糖、蝦醬、糯米粉（加水做成糊狀）。此外，準備一個大碗浸泡大白菜及一個容器盛裝要發酵的大白菜。以下材料爲一顆大白菜所需的份量，請視情況酌量增加。

- 將整顆大白菜浸入鹽水中，同時將一小根白蘿蔔切絲，將兩根青蔥各切成四段。
- 將大白菜瀝乾稍微沖洗，每片菜葉之間都抹上鹽。
- 用一個小碗將以下食材拌勻：

  3大匙紅辣椒粉、1大匙芝麻、1大匙糖（非必要，但可加快發酵速度）、1大匙魚露、1大匙蝦醬（非必要）、1大匙糯米粉糊（非必要）、1大匙薑末

- 用手將材料混合，接著加入白蘿蔔絲及青蔥拌勻，用雙手將醃料抹在每片菜葉之間，外側也要抹上醃料。
- 將大白菜對折，用較長的外側葉子捲好紮緊。將紮好的大白菜放入發酵容器內，確保整顆大白菜都浸泡在其擠出的汁液中，用重物將大白菜壓入液體中。

多屬的菌種，因此泡菜的潛在微生物調節健康效益可能跟這道菜本身一樣種類繁多且千變萬化。

泡菜並不是傳統韓國文化中唯一的發酵食品。不過，李表示：「對人類最有益的發酵食品就是泡菜，因爲可以攝取到活性微生物。」不過他感嘆現代人吃的泡菜種類已經不如過去多，每餐只吃一、兩種泡菜而已。他主張：「必須要吃到三種泡菜才能確保微生物多樣性，微生物多樣性非常重要。」不論是對泡菜或對我們的健康而言都是如此，他表示。

除了變化多端的微生物世界以外，泡菜還能爲腸道帶來其他貢獻，也就是餵養纖維給體內微生物吃。例如，大蒜或洋蔥所含的菊糖讓泡菜成爲天然共生質，也就是能同時提供益生菌與相關益菌生的單一食物。有些更新的泡菜產品，還添加了寡糖這種暢銷的益菌生成分，以確保泡菜的共生質狀態。但不論你找到或製作的是哪種泡菜，泡菜都是世上微生物含量最豐富又充滿益菌生的發酵食物之一，不過有些人可能需要一點時間才能習慣泡菜的味道。

傳統上會將數十個紮好的包心菜塞在一個名爲「甕器」（onggi）的大瓦缸內，讓這些包心菜浸泡在自己產生的汁液內，接著將甕器埋入地裡以保持涼爽並維持穩定的溫度與濕度。大甕的頸部會露出地面，以便在整個冬季取用儲存的泡菜。但泡菜也可以用任何瓶子或罐子盛裝，放置於涼爽處發酵。只要讓包心菜確實浸泡在汁液中即可，與製作德國酸菜的方式相同，以避免酵母菌掉落在內容物的表面。

雖然韓式泡菜似乎是與德國酸菜截然不同的烹飪領域，但兩者的基本材料都差不多，就是包心菜、鹽與時間。

## 常吃蔬菜，可攝取益菌生纖維

既然我們已一頭跳進醃菜的世界，不妨來看看這些食物對人體腸道的其他好處，那就是餵養我們體內的微生物。

不意外的是，不時出現在醃菜食材裡的食物，如包心菜、洋蔥、大蒜等，不但可餵養進行醃製作用的微生物，還可餵養棲居在人體腸道內的微生物。許多蔬菜（以及一些水果）不但是絕佳的醃製品素材，更是我們可在飲食中獲取的最佳益菌生纖維來源之一。舉例來說，在可餵養人體內常駐微生物的益菌生物質中，最常見的包括菊糖與果寡糖，兩者均普遍存在於植物界，也許這可用來解釋為何以植物為主的飲食有助於降低可預防疾病的發生率。

例如，以健康效益著稱的地中海飲食，即是以植物性食品為主。在許多希臘飲食傳統中，肉類只是一週一次、偶爾享用的非常備食品。其餘時間，餐盤盛滿的是蔬菜、豆類、五穀雜糧、乳酪，當然還有優格。地中海飲食雖然可能是在儉樸刻苦的生活型態下應運而生，但隨著世代相傳，也造福了希臘人及其體內微生物。

在希臘，餐盤上的果菜，通常會反映出其所處地區與季節的特產，最具代表性的莫過於新鮮採摘的「奧爾塔」（horta），即綠色野菜的通稱，有著飲食習慣與食材的雙重意涵。奧爾塔出現在無數的希臘菜餚中，可以獨立做爲一道菜，如清蒸後拌橄欖油再擠一點檸檬汁，或是做爲沙拉食用。奧爾塔或許可簡單譯爲「野草」，可包括蒲公英葉、馬齒莧（purslane）、芥菜、野茴香、蕁麻（煮過），以及數百種其他野生植物，種類視季節、地形、地區而定，各有不同。因爲這些採集而來的奧爾塔包含了如此多種的食材，所以可補充多樣化的養分與纖維。雅典農業大學（Agricultural University of Athens）微生物學家科斯塔斯・帕帕季米特里烏（Kostas Papadimitriou）指出：「我們的飲食包含許多野菜，所以可以攝取到很多纖維。」[17] 我在希臘地勢極其陡峭的山村，享用了當地小餐館的典型午餐，菜色包括拌炒奧爾塔、蠶豆泥佐洋蔥、菲達乳酪派、食用橄欖，以及油拌燻魚。這頓午餐豐盛又飽足，包含活菌及多種益菌生和可以餵養微生物菌叢的化合物。

希臘老奶奶帶著幾個麻袋和一把刀上山採野菜，現在看來似乎是歷史久遠又洋溢古趣的情

---

17 帕帕季米特里烏表示：「我們不是只吃萵苣沙拉。」他強調，希臘人所認為的沙拉食材種類繁多，涵蓋奧爾塔、蔬菜、小麥、豆類等。

簡易食譜

# 希臘奧爾塔佐鷹嘴豆沙拉

希臘菜餚因食材簡單樸實，散發自成一格的美感。這是一道簡單的沙拉，做法參考我在希臘鄉間嚐到的餐點，以及史丹佛大學科學家賈斯汀與艾芮卡．桑內堡合著的《好腸道》中一道富含益菌生的菜式。這道菜可以當成配菜或是午餐的主食。食材包括鷹嘴豆（只要半杯便含有每日建議纖維量1/3以上）、奧爾塔(不用自己採摘野菜，可以用蒲公英葉、芥菜或其他市售青菜)、甜椒（任何顏色皆可）、紅洋蔥、橄欖（去核）、檸檬汁、橄欖油、菲達乳酪，以及鹽與胡椒。

- 將鷹嘴豆煮熟，或用瀝乾水的罐頭鷹嘴豆。取約4杯倒入一個大碗。
- 在爐子上或微波爐中，以少量水略為汆燙1～2把青菜（種類愈多愈好）。
- 取1～2個甜椒去芯剁碎。
- 將半個紅洋蔥切成細片。
- 將橄欖切半。
- 將所有蔬菜倒入大碗，與鷹嘴豆攪拌混合。
- 在碗裡擠檸檬汁並倒入少許橄欖油。與蔬菜拌勻。
- 灑上菲達乳酪，並加入鹽和胡椒調味。

景。但是採奧爾塔仍是老少不拘的日常慣例，即使居住在城市的雅典人也熱衷於此。對許多人來說，採奧爾塔可以讓他們體會兒時或是父母、祖父母時代較簡樸健康的鄉間生活，他們會特別出城到鄰近的山上採集奧爾塔。許多女性會在城裡的市集販賣自己從山邊採摘的野菜，讓不能自行採摘的人購買，連鎖超市也有販售奧爾塔。不過，自己動手採摘奧爾塔可是被視爲一項絕佳的活動，不只省荷包，還能享有運動的樂趣與健康效益，呼吸新鮮的空氣。光是這些效益，也許就可對大多數人以及我們體內的微生物帶來相當多的好處。

我在靠海的小旅館享用美味的奧爾塔和菲達乳酪派後，詢問了餐點的內容，所得到的回答是：「如果你問廚師，奧爾塔也是她採摘的[18]，派裡面有多少種野菜，她一定會說：『有一百種以上！』」。不管是否眞的如此，顯而易見，端上多種豐富的野菜，是一種驕傲和傳統。

希臘烤什錦蔬菜（tourlou）也是類似的概念。對於tourlou這個字，招待我的希臘老闆一家人幫我下的定義是：「所有混在一起的東西」，無論是衣服（「衣櫥裡所有可以找到的」）或食物（「菜園裡所有可以找到的」）。我所享用的像是希臘版的普羅旺斯雜燴（ratatouille），就是蔬菜雜燴，當然混合了一些奧爾塔，上面還淋有一層優格。

---

18 當然，這位廚師剛好是旅館老闆的母親。

帕帕季米特里烏表示，食物好比人生，正如一句古希臘諺語所說：「萬事有度，不偏不廢」（pan metron ariston）。

注重飲食與養生的觀念，當然不僅限於地中海地區。日本傳統也以植物性飲食爲主，包含豐富多樣的蔬菜，幾乎每頓飯都富含多種纖維。東京的居民可以造訪該市的許多地方特產直銷店，有特定府縣的特產可供選購。舉例來說，春季時分，在山形縣特產直銷店，我看到很多野生青菜和嫩蕨菜。沖繩縣的特產直銷店則維持一貫的島國風情，提供大量優質蔬果，從苦瓜、新鮮薑黃根到牛蒡，應有盡有。

許多日本餐食的特色與好處，就在於囊括了大量不同的食物，並不是每餐都會擺出數十種小菜，但大部分都會包含數種不同的少量配菜。某日近午時刻，我與出生在美國中西部的日裔美籍廚師、侍酒師兼作家坂本由佳莉（Yukari Sakamoto），在東京時髦的銀座區一間雅緻的餐廳共進午餐，這間餐廳同時也是販售各種米的米屋。餐廳的定食搭配十種不同的菜品，包括味噌湯、醃蘿蔔、滷青菜、蠶豆蝦餅，以及多種蔬菜，當然還有米飯。坂本表示，這是日本維持健康飲食的要訣：少量多樣，有助於確保人體廣泛攝取各種營養素、菌種及益菌生纖維。

儘管日本人以健康長壽著稱，但所謂的西方疾病，如炎症性腸病等，在日本的盛行率卻驟然高升。科學家推測，這種轉變可能與飲食習慣快速改變有很大關係。日本是島國，也是文化大國，有兩百多年的時間大部分與世界其他地區隔絕，直至約一個半世紀前才與外界接觸。不過，日本一組醫學研究人員寫道，在當時：「只有一小部分日本人吃得起西式食物，往後一百年，絕大多數的人仍維持簡樸的日式飲食。當時典型的日式餐食是簡單的素食，包括糙米飯混大麥、加入根莖菜類或豆腐的味噌湯、小尾烤醃魚、發酵後的醃菜等。」研究人員指出，據文件記載顯示，第二次世界大戰後，隨著日本重建並日漸繁榮：「高糖碳酸飲料、高脂高碳水化合物的西式零食（例如洋芋片）、動物性蛋白質與脂肪等，攝取量皆快速增加，膳食纖維攝取量則快速減少。」伴隨這些攝取量變化而來的，是腸道疾病如潰瘍性大腸炎與克隆氏症的成長，這也許並不令人意外，然而，研究人員發現，可透過緩慢重建益菌的全食[19]（whole food，例如大麥混米飯、紫菜、蔬果等）飲食型態，幫助許多現有的炎症性腸病患者改善病情。他們總結道：「亞洲社會正在西式飲食與傳統高纖、低脂、多發酵品飲食之間，面臨重大的抉擇。醫師應鼓勵食用傳統食物，以增進大眾的福祉。」其他人也理當從善如流。

19 譯註：天然未經加工的原型食物。

中國人講究以食養生補氣亦有淵遠流長的歷史，主要以強健腸道爲本。在分子與細胞生物學基石研討會（Keystone Symposia on Molecular and Cellular Biology）的腸道微生物相與宿主生理學相關座談中，我見到上海交通大學微生物學家趙立平（Liping Zhao），他說道：「在中國傳統上，藥物與食物之間其實沒有明確的分野。」他指出，許多植物可食用，亦可藥用，進一步印證「藥食同源的觀念。不過，我會勸告大家，以食爲藥之餘，以藥代食就不必了。」[20]

以食養生的方法之一，就是找出前人的飲食之道。趙立平表示：「從傳統飲食來看，以往食物都是整體食用，不加工精製。」因此食用者及其微生物能完整攝取到營養素和纖維。趙立平指出，基礎飲食法富含複合式碳水化合物，但今日即使在中國鄉間，也愈來愈難找到眞正傳統的飲食模式。「我們以前是以植物性飲食爲主。但我想幾乎每個地方都一樣，人一旦有了更多錢，就會立刻增加飲食中的動物性食物，不但使飲食結構驟然改變，也大大影響健康。」他感嘆道，雖然經濟蓬勃發展可帶來種種好處，但「眞的很遺憾看到許多傳統，也理應是健康的飲食習慣，實際上正在式微凋零。」他說明，經濟更趨繁榮，加上許多舊有習慣被推翻，促使傳統飲食開始大規模消滅。趙立平說道：「中國可能展開了全球史上最大的一場試驗，在二十年間改變了十億人口的飲食，接著也幾乎在一夜之間改變了整個疾病型態。」

中國的研究人員正回溯藥用食物的悠長歷史，探尋有何方式能讓我們在未來更好好滋養人體的微生物體。有一項臨床試驗對第二型糖尿病患施以傳統草本植物飲食，結果發現，食用這些植物使得腸道的**普氏棲糞桿菌**大增，而此菌種可以產生抗炎化合物。另一項試驗，則是嚴格控制重度肥胖孩童飲食，給予其富含植物性複合式碳水化合物的食物。許多病患不但體重下降，其體內微生物相以及這些微生物產生的化合物，也出現顯著的轉變。

第二項試驗使用的主要食物之一是苦瓜。呈長條瘤狀及青綠色澤的苦瓜，向來用於治療腸道不適，在養生飲食中也是常見食材。趙立平表示：「中國有多種食物可能有助於涵養腸道益菌，其中最廣受研究的是苦瓜，」其同時也是一種中藥材。他指出，中醫認爲「苦能清熱去火。如果把上火視爲發炎反應，苦味食物有消炎效果。」但長久以來，當中實際運作機制並不清楚，尤其是苦瓜所帶有的化合物會繞過大部分的人體消化道。的確，他說道：「這種『藥物』大多滯留在腸道，未能進入血液。根據西方藥理學，要是某種化合物未能進入血液，就應該沒有效用。其實，如果將腸道微生物相視爲作用的標的，兩相矛盾的論點便可解套。」人體腸道原本無法分解的化合物，可以透過微生物分解成人體可吸收的有益化合物。這也提供更充

---

**20** 此觀念呼應一般認為出自古希臘醫師希波克拉底（Hippocrates）的名言：「以食物為藥物，以藥物為食物。」（不過此言的真實性及出處近來受到質疑）。

足的理由讓我們牢記，微生物體是食物與人類整體健康之間的強大媒介。

。。。。。

當然，對微生物體有益處的植物，並不只限於蔬菜與水果。還有另一種發酵傳統甚至比蔬果發酵品來得早，當中多種的發酵品可以讓我們忘憂解勞，某些更可供我們小酌富含微生物的美酒。

# Chapter 6

# 醉人的發酵品：五穀雜糧

義大利麵沙拉、馬鈴薯沙拉，以及其他烹煮後冷卻的澱粉食物，
比想像中更有益體內的微生物。

Intoxicating Ferments: Grains

最早的發酵品也許不是德國酸菜，或是包心菜自然發酵而成的韓式泡菜，也不太可能是優格或是克菲爾發酵乳，因乳品放在馬背上運送，在長途跋涉中發酵而爲人發現。人類最早嚐到的發酵品可能是酒精。

發酵的穀製品，從利用口腔微生物發酵釀造的飲品，乃至在眾多亞洲傳統發酵食品占據要角的麴米，不一而足，可不是一般麥酒就能概括的。當然，發酵的穀製品不只限於飲料，但我們的探究之旅要從飲料開始。

## 今朝有酒今朝醉！

微生物接觸到穀物可消化其所含的碳水化合物，產出酒精。發酵通常是酵母作用的結果，酵母菌在過程中釋出二氧化碳，創造碳酸化（carbonation）的效果。從自然發酵啤酒到傳統清酒，這些飲品不但有重大文化意涵，而且以傳統方式釀製，除了風味醇厚、包含可以醉人的化合物以外，有時更帶有一些意想不到的微生物。

今日的酒精飲料到了我們用玻璃杯盛裝享用之際，還帶有活體微生物的可說是少之又少。但如果花點時間細細尋覓，可以發現有些酒精飲料依然富含了微生物成分。

遠古富含微生物的酒精飲料，其釀造過程恐怕會使現代釀酒廠及蒸餾酒廠雙雙倒抽一口氣，更別說是他們的客戶了。早期這些飲料的釀造並不是撒一層酵母讓搗碎的穀物開始發酵，而是用嘴巴咀嚼這些穀物來啓動發酵過程。

大多數的微生物要自行分解穀物較爲困難，因此人類想出一計，就是先嚼碎這些穀物。用預先咀嚼過的物質當酵種可收到雙重效益，不僅可分解穀物（透過物理方式及唾液酵素）來釋出澱粉促進發酵，同時也添加了首批微生物。儘管口嚼發酵法可能讓講求殺菌的現代人倒退三步，但其在歷史長河中並不罕見，從九千年前的中國到西元前三世紀的日本均有其蹤影，甚至今日拉丁美洲仍奉行的傳統釀酒法也是這樣做。

從中國河南省新石器時代村落出土的古陶罐提取化合物，並加以分析的結果，有助世人對這些古老的釀酒過程略知一二。分析結果顯示，這些化合物是以米發酵而成的飲料，並摻雜蜂蜜和水果成分。撰文說明此成果的研究人員指出，當中所用的米並未包含酵母或當時已可取得的糖，而要自然發酵成從陶罐中提取出的微量飲料，必須仰賴這些物質。他們因此推論，釀造過程必是藉助唾液酵素將食物的澱粉轉化爲可發酵的糖，同時也摻入了口腔微生物。

日本有種名爲「口噛み酒」（Kuchikamizake）的酒，字義是「口嚼酒」。一千多年前，日本人會將小米、蕎麥，甚至是橡子咀嚼後吐在醪液[1]中，讓其發酵成酒精飲料。後來加入了米做爲澱粉酵種，繼而釀製成今日非口嚼版的清酒。

中南美洲的奇恰酒[2]有些也是以類似方式釀造。中南美洲的釀酒法至少可追溯至印加文明時期，由玻利維亞的原住民族齊曼內人（Tsimané）及其他族群傳承至今。任教於新墨西哥大學醫學系的喬．阿爾科克（Joe Alcock）稱讚齊曼內人的奇恰酒是「泡沫豐盈綿密又可口的發酵酒」。釀酒人會咀嚼玉米或玉米粉（或其他澱粉物質如樹薯等），接著吐出，與水混合後置於陶罐內發酵。有些種類的奇恰酒在發酵尚未完成時便可飲用——只要酒精成分夠濃，足以殺死有害微生物，但尚未到殺死所有微生物的程度。當代對於一般奇恰酒（自然發酵，但未必採口嚼方式釀製）進行研究，發現了四十多種乳酸菌，以乳桿菌種爲大宗，包括我們的好朋友**乳酸乳球菌**（*L. lactis*）和**植物乳桿菌**（*L. plantarum*），以及可製造維生素$B_{12}$的*L. rossiae*[3]。

在厄瓜多的基多（Quito）國際機場所發現的古墓群，讓研究人員得以探究遠古奇恰酒中的微生物面貌。古墓內的遺體約在西元六八〇年所埋葬，陪葬品包括珠寶、衣服、食物以及奇恰酒。一位微生物學家從陶製酒罐的毛孔刮下沉澱物，並藉由這些刮屑復活了塵封一千三百年之久的古奇恰酒酵母菌株。他沒發現現代酒廠使用的**啤酒酵母菌**（*Saccharomyces cerevisiae*）——全球絕大多數的啤酒皆是採用這種酵母菌釀造。他反而發現，古酵母大多爲念珠菌屬

（*Candida*），包含先前未受鑑定的*Candida theae*酵母種的兩種菌株，而*Candida theae*與存活在人類口中的菌種爲同一家族[4]。

雖然古酵母酒不見得近期內就會出現在市場架上與康普茶[5]並列，但要培養人類微生物群釀製杯中物，用古酵母釀酒不啻爲絕妙且大致算是安全的方式。

## 更天然的野生酵母啤酒

當然，除了口嚼以外，還有許多其他方式可發酵穀物，不用等到釀酒廠分離出酵母來研發各式各樣的發酵飲料。多少世代以來，野生微生物在啤酒發酵槽大行其道，造就了醇厚的微生物漿液以饗酒客。

---

1 譯註：釀酒原料經發酵後產生的混合液。

2 譯註：chicha，口嚼發酵的玉米酒。

3 至少有一位釀酒人勇於冒險，也就是美國角鯊頭釀酒廠（Dogfish Head Brewery）的創始人。他釀造了一批口嚼奇恰酒，於該廠兼營酒吧（taproom）提供大家享用。但他向酒客保證，這批啤酒的成品在倒出酒液前便已殺菌消毒，也就無緣一親微生物的芳澤了。

4 沒錯，這位學者用復活的菌株釀造出一批實驗性的奇恰酒，他表示酒味很棒，但喝完後頭痛不已。他倒是沒說明喝了多少。

5 譯註：即紅茶菇，益生菌飲料，以紅茶發酵製成。

今天的啤酒大多是在嚴格控管的無菌環境下，依循確切的規格釀製。製程當中，穀物先經研磨，再與熱水混合成醪液，以利碳水化合物釋出。之後再將形成的湯液，也就是今日所稱的「麥汁」排出[6]並進一步加熱，接著通常會加入啤酒花等予以調味。待麥汁冷卻後，加入啤酒酵母菌，依照要釀造的啤酒種類而定，在特定溫度下經過確切時日發酵。

現今的商業製程不是用舊有的啤酒酵母菌搞定，各種啤酒必須精確採用特定的菌株釀造，不容其他類型的微生物來攪亂大局。正如某個研究團隊所言：「世上九十九%的啤酒都只能用一種微生物來釀造，也就是啤酒酵母菌，如有背離此道都屬瑕疵品」。而爲了安全起見，啤酒產品通常會經過高溫殺菌或過濾，避免微生物在啤酒抵達目的地之前，持續改變味道或物理特性。所有精確的製程，可確保你手上的名牌啤酒味道保持一致，但也喪失了不少啤酒往昔複雜多變的風味與奔放的活力。

現今有些啤酒在賣給顧客時，仍包含了酵母及其他微生物。如果金屬加壓桶將於相對較短且保持低溫的供應鏈配送，酒廠可跳過高溫殺菌製程。讓啤酒保持低溫可確保裡面所有的酵母維持休眠狀態，不會違反酒廠所願而持續發酵。其他木桶或瓶裝啤酒在販售前則會添加更多酵母進行第二次發酵。

有些啤酒製造商回溯至數千年前啤酒的起源，採用更天然的方式來釀酒。而許多釀造比利時蘭比克（lambic）啤酒、酸味或野生酵母啤酒的酒廠，根本就沒使用其酵母或酵種，而是仰賴酒廠環境將酵母菌接種至原料及啓動發酵過程。這些天然酵母包括了**檸檬形克勒克酵母菌**（*kloeckera apiculata*，大部分其他啤酒的敗壞酵母[7]），以及恰如其名，用於釀造蘭比克啤酒的**蘭比克啤酒酒香酵母**（*Brettanomyces lambicus*）；此外，細菌也包含在內。此類啤酒通常需要更漫長的熟化過程，在酒桶內發酵達三年之久。在這段期間，各種微生物相繼出現，最後賦予啤酒特有的酸味。

啤酒類飲料遍布全球各地。韓國混合了細菌、酵母及其他眞菌，將之接種至穀物，做爲各種產品的酵母，包括馬格利這種米酒。馬格利酒是用米發酵而成的酒，內含活的微生物，包括酵母和多種乳酸菌[8]。

在土耳其及巴爾幹地區的國家，有種名爲波雜（boza）的發酵飲料，數個世紀以來深受人們喜愛。波雜的原料可以是小米、玉米、小麥或其他五穀雜糧，可以採自然發酵，或引取前批

---

**6** 譯註：至預沸槽。

**7** 譯註：又稱酒香酵母，可能讓酒產生異味或增添怡人的香氣。

**8** 我訪談的一位韓國研究員告誡我，雖然攝取這些額外的微生物應該有好處，但他並不大力推薦，畢竟還是有酒精成分，整體而言對促進健康並沒有大大加分。

釀液來發酵。研究人員只採樣三種不同市售的波雜飲品，就發現其中含有至少十二種乳酸菌和八種不同的酵母菌。另一組研究人員則是直入此種渾濁飲料的黝暗深處，探尋是否有益生菌的蹤跡。他們找到的菌株包括已知的益生菌**鼠李糖乳桿菌**及其他善於存活在腸胃道、有助於抵抗病原的菌種。

在非洲各地，有許多類似啤酒的飲料是就地釀造享用。東非有種無酒精的粥狀飲料togwa，是將玉米、小米、高粱或樹薯粉煮沸，再經發酵，最後稀釋成飲料。Togwa包含至少六種不同的乳酸菌（包括**短乳桿菌**及**發酵乳桿菌**〔*Lactobacillus fermentum*〕等益生菌）、四種酵母菌，以及其他可爲飲用者增添葉酸的菌種。

喜馬拉雅山有一種名爲chyang的啤酒，以發酵的小米、大麥或米製成，據說有助於對抗感冒和過敏。人們相信，傳說中的喜馬拉雅山雪人（Yeti）最喜愛飲用這種啤酒，可能就是緣自於此。

°o°·o°·

醉人的啤酒竟然含有這些林林總總的微生物，令人不禁想把克菲爾發酵乳擺在一邊，倒杯比較有利於社交的啤酒來喝喝。遺憾的是，飲用充滿微生物的酒精飲料究竟整體效益如何，相關研究並不多。不過，攝取酒精對腸道微生物體的影響倒是已有些許研究，而且結果不妙。

即便是適度攝取酒精，也可能導致大腸菌叢不良（微生物分布生態失衡），而大量攝取則可能引發小腸細菌過度增生，有害健康。飲酒也會增加腸壁滲透性，可想而知，微生物從腸道滲出而進入血管並不是好事。竄逃的微生物會促使免疫系統進入備戰狀態，令發炎反應加劇。

所謂飲酒傷肝，和腸道滲漏也有連帶關係，因爲脫逃的微生物最後有可能進駐到肝臟。就如同微生物進入血管一樣，肝臟有微生物入侵會引發免疫系統攻擊，加深發炎反應，最後傷及肝臟。

所以，要補充體內的微生物，最好還是有所節制，適量小酌勝於飲酒過量。還有許多其他方式，不用靠飲酒就可以提高微生物的攝取量。

## 沒有麴，就沒有日本廚房

幾千年來，米向來是全球許多地區的主食，在眾多深受推崇的發酵品的產製上，也扮演了默默無聞，但至關重要的角色。此話怎說？因爲米是培養黴菌的好地方。

在西方人的廚房，要是食物長霉，通常二話不說，馬上丟棄。但不是所有人都對黴菌孢子如此嚴厲相待，長有**米麴菌**（人工培養的眞菌）的米，可是造就無數亞洲發酵食品的功臣。米麴菌及其所寄生的穀物，在日語統稱爲「麴」（意思是「綻放的菌花」[9]）。有麴好辦事，至少在傳統日本料理是如此。身兼美食作家及廚師的坂本由佳莉便表示：「沒有麴，就沒有日本廚房」。麴的用途不勝枚舉，舉凡味噌、醬油、清酒都需要麴。麴的優勢在於其可分解米與黃豆中的澱粉，促進兩者的發酵。

培養麴雖然不用曠日廢時，但需要聚精會神，不容懈怠，不是像德國酸菜丟到缸裡就可以收工不管了。麴的製作方式是將種麴接種到蒸熟的白米，通常會用撒麴器在新米上撒一層菌孢，有些傳統製麴師甚至會在撒麴時對著麴床唱歌。混合後的米飯置於溫暖處一夜後，予以翻攪，再靜置一夜。成品就是結成一塊塊的米粒，每顆都覆蓋了散發香甜味的細白菌絲，像是膨脹後的米香，單獨嚐起來有淡淡的清甜味。

麴最早的文字記載可追溯到兩千多年前的中國。麴米在約一千三百年前傳入日本，於當地四處傳播開來。遺傳學家研究了來自亞洲各地的米麴菌株，以及與其最爲相近的野生菌種，希望進一步瞭解此種眞菌的歷史。他們發現，現今所有的菌株都有共同的祖先，因此可能都源自早期同一次的人工培養。

人類使用米麴菌有長久的歷史，並將其運用在各式各樣的食品，也因此演變出專門適用於各種用途的不同菌株。舉例來說，清酒麴善於分解清酒米種的蛋白質，但分解黃豆蛋白質的效果就不佳。因此，相較於已演化成適合製造味噌或醬油的麴種，想用清酒麴來做這兩種產品，成效就比較差了。

傳統清酒的釀造方式是先將白米洗淨蒸熟，再接種適合的種麴。順利接種後，將蒸米與水混合成發酵的醪液。待發酵完成，將醪液倒入布袋並壓搾，使過濾後的清酒與呈糕狀的酒粕（本身可做爲醃製基底，製作酒粕醃漬物）分離。今日大多數的清酒是採用較機械化的製程，也經過高溫殺菌。然而，還是可以找到一些未經殺菌處理、依然存有微生物的清酒。

除了在釀製清酒時扮演要角以外，麴也可用於釀造日本甘酒，也就是用米發酵而成的甜飲。市售甘酒製程大多會煮沸殺菌，以中止發酵過程（否則就會從甜飲變成酒飲）。不過，甘酒在尚未煮沸、仍含有微生物的時候也可飲用。甘酒通常是做爲祭典的甜點或嬰兒副食品飲用，在日本也是廣受歡迎的甜味替代品，不僅較爲傳統，也比精製糖來得健康，甘酒醪液甚至可做爲蔬果醃製的培養基。

如果有種麴（在一些亞洲市集可以買到）和電鍋，在家做甘酒會相對容易。先用電鍋煮出米粥，再加入種麴及少量的水，不蓋鍋蓋靜置發酵。講究的人可採買自認最適合的米麴菌種。

9 譯註：可能引用自日本漢字「糀」，形容白色的菌綻放如花。

簡易食譜

# 伊莉莎白・安達的米麴黑芝麻冰沙

日本甘酒可在專賣店購得存放於冰箱。伊莉莎白・安達是旅居東京的美籍美食作家及廚師，她巧妙地將米麴融入多種甜點食譜，就像以下這款冰品。

美味綿密的黑芝麻冰沙做法刊載於她的著作《和食：日本家鄉小廚食譜》（*Washoku: Recipes from the Japanese Home Kitchen*），食材簡單，包括甘酒、黑芝麻糊、醬油（未經高溫殺菌的更好）。唯一需要的用具是攪拌器及可放進冷凍櫃的有蓋容器。

- 用攪拌機將1杯甘酒打勻。
- 加入1/4杯黑芝麻糊，與甘酒打勻。
- 加入1/4茶匙醬油，再次打勻，直到混合的材料呈深色冰淇淋狀。
- 將材料倒入有蓋容器，在流理台上輕敲以釋出氣泡。
- 蓋好容器，放進冷凍櫃冰凍至少4小時。
- 之後便可開挖享用。不過應該放不了多久，安達笑著警告道：「這比軟糖還要令人上癮。」

## 微生物的「良」食

在未發酵狀態下，許多穀物也可以提供人體腸道內有益微生物重要的「良」食。小麥、大麥及其他穀物含有果寡糖，這些長鏈碳水化合物如同其他益菌生，無法由人體自行分解，而是直接排放到結腸，供此處的好菌發酵分解。穀物可促進雙歧桿菌增生，提高腸道內有益健康的短鏈脂肪酸含量。穀物因有助增加腸道的酸性，也可提高礦物質的吸收率。

一項研究發現，只要小小改變飲食，攝取約一．五盎司（約四十二．五公克）的全穀早餐穀片，維持三週，即可大幅促進腸道內雙歧桿菌及乳酸桿菌增生。

全穀類食物，包括燕麥、大麥、米、玉米等，也是益菌生抗性澱粉的良好來源。抗性澱粉是不易被人體本身酵素消化的澱粉（不像許多其他結構簡單的澱粉，可快速分解成單糖）。不過，腸道內微生物的酵素經過演變，已可分解膳食纖維[10]，釋出供微生物自身享用的食物，而透過此過程，也會產生有益人體的化合物。

除了此種天然形成的抗性澱粉以外，還有老化抗性澱粉，是來自經烹煮冷卻後的簡單澱粉食物（義大利麵、米飯、馬鈴薯等）。結晶的老化澱粉對人體消化系統而言太過粗糙，碳水化

10 譯註：抗性澱粉特性類似膳食纖維。

合物鏈也就原封不動進入大腸。

所以一些可能不受重視的配菜，如義大利麵沙拉、馬鈴薯沙拉，以及其他烹煮後冷卻的澱粉食物，可能比想像中更有益我們的身體和體內的微生物。

另一種也許可視爲微生物「良」食的是壽司飯。米飯煮熟後，會形成老化澱粉，爲人體微生物儲存糧食。在道地的壽司餐廳，壽司飯通常在接近室溫下供人食用，若未先經過完全冷卻，所包含的有益化合物可能較少。但關於各種食物本身形成老化澱粉所需的特定溫度，目前尚未有具體研究結果。因此，要好好餵養人體的微生物，米飯、義大利麵、馬鈴薯最好還是冷了再端上桌。

所以你可以這樣搭配一頓五穀餐：選擇益菌生全穀類食物，再搭配野餐馬鈴薯沙拉或一點奇恰酒。如果口嚼發酵飲料讓你卻步不前，可能要重振精神，爽快痛飲離你最近的非口嚼飲料，再繼續前往發酵品探究之旅的下一站。

酸性食品，也就是發酵成酸味的食品，在我們的生活周遭處處可見，例如蘭比克啤酒、德國酸菜、優格。但還有另一類食品賦予發酵品迥然不同的面貌，就是黏黏爛爛、鹼性的豆子。

# Chapter 7

# 豆類基本知識：豆科植物及種子

吃納豆的人可以獲贈有益健康的枯草桿菌，
有助於刺激免疫系統，
並可幫助身體對抗腸胃及泌尿道疾病。

Basic Beans: Legumes and Seeds

乳製品與蔬果等食物因爲容易腐壞，所以各種文化都發展出一套做法來抑制腐敗過程，以延長食用期限。另一方面，豆科植物及種子雖然易於烘乾儲存，但也是歷史長久的發酵品，令人心生好奇。此外，豆類還可製成難度更高的發酵食品。

或許這是人類的好奇、創意及健忘所帶來的恆久影響。

## 日式早餐的王者：納豆

日本以人民健康長壽著稱。例如，日本南部的沖繩島逾百歲人口的人均比例居全球之冠，這些百歲人瑞有許多仍具生活自理能力。沖繩人長壽健康的祕訣可歸納爲敬老傳統、平衡的生活方式，以及延年益壽的飲食習慣——攝取大量魚類、蔬果和發酵食品等。日本飲食文化中，在醃菜和米麴之外，也利用發酵讓重要的主食黃豆大變身。

在日本及東亞各地，黃豆一直是飲食、營養、料理的關鍵要素，可以製成毛豆、豆腐、味噌、醬油來食用，連納豆也是黃豆所製。

我非常確定自己不是第一位被告知要小心納豆的西方人。納豆味道強烈又黏稠牽絲，活像黏滑臭爛的豆子，不過納豆基本上就是如此。表面黏糊糊的，而味道嚐起來，據有些人表示，就像超臭的乳酪。而對數千萬人來說，納豆也是營養早餐的一員。

我和納豆就是這樣初次相遇的。那是我抵達東京的第一個早晨，在搭機二十小時後，因時差而感到疲憊。我在旅館的早餐發現一個小杯包裝的納豆，既興奮又有點惶恐。懷著戒慎恐懼的心情，我打開蓋子，準備接受刺鼻的氣味。

但什麼都沒有。我用筷子快速攪拌一下，想要把納豆刮到我那小碗米飯上。那惱人的一絲絲黏液不肯就範，頑固地在我和納豆之間伸長。我在小小的用餐區四下張望，想看別人怎麼做來依樣畫葫蘆，但沒人和那些長絲奮戰。這頓早餐對我來說已經充滿挑戰，尤其我本來就是不擅長用筷子的外國人，而且手邊只有小張蠟紙可當餐巾，連一口都還吃不到。

當我終於成功吃到第一口納豆，卻發現既不刺鼻，也不令人作嘔，頓時鬆了一口氣，甚至有點失望。仔細品味後，我發現納豆其實挺好吃的，有種鮮味和淡淡的甜味。

但我在東京的第一頓飯也許確實沒能體驗到納豆的美味。那天下午，一位當地的口譯員告訴我，吃納豆的第一步應該是用筷子的尖端攪拌納豆，而且要攪拌很多次，這樣黏性會愈高，味道也更好。事實上，根據知名日本美食家和陶藝家北大路魯山人所說，納豆必須攪拌四百二十四次，才能釋出最佳[1]的美味。

但在這四百二十四回的攪拌前，納豆可是經歷了一場奇幻旅程，包括基本但又驚人的發酵過程。

納豆的做法是將顆粒完整的黃豆洗淨並加以浸泡，接著蒸熟，放在溫暖的氣溫下一天。短短的過程，聽起來不像會有什麼驚人的轉變，當然也不如其他發酵製程甚至烘乾方式能好好保存發酵後的成品。納豆能如此屹立不搖，一定有其原因。

吃納豆的人可以獲贈有益健康的**枯草桿菌**（*Bacillus subtilis*），其有助於刺激免疫系統，並可幫助身體對抗腸胃及泌尿道疾病。

枯草桿菌正是賦予納豆奇貌的主要功臣，與先前幾章提到的製造乳酸菌種極爲不同，是促發鹼性發酵的引擎。當我們鍾情於酸性發酵品，從克菲爾發酵乳到德國酸菜，另一端全然不同的發酵世界正悄然釋放誘人的風味，蓄勢以待。

不過，不需擔心此種鹼性微生物在人體的酸性消化道是否會遭遇不測。枯草桿菌可以創造培養納豆的基本環境，但經攝食消化也可生存無礙。枯草桿菌原本在風味成分或是生命力等方面就不容小覷，不同於敏感的乳桿菌種，枯草桿菌以生活在極端惡劣的環境聞名，包括人體強酸的胃及高溫烘焙，甚至可以在太空生存達六年之久。

所以在過程當中，此種強悍的菌種和純淨的蒸黃豆是如何結合在一起，上演一場大變身呢？

日本人食用納豆有上千年的歷史。傳說中（也許是一〇八三年「後三年之役」期間），是武士無意間將煮熟的黃豆存放在稻桿過久而發現的[2]。武士顯然對這個意外收穫大爲喜愛，因此將部分的豆子獻給一位著名的將軍。納豆的製法，也就是將煮熟的豆子包裹在稻草裡，便如此傳承數百年。在一九〇〇年代初期，隨著微生物學的發展，製豆商發現可以從枯草桿菌分離出酵種，也就沒有必要在發酵過程使用眞正的稻草。

現今有許多納豆是在嚴格控管的環境下製作，但仍有一家納豆廠以手工製作爲主。「天狗納豆廠」位於水戶市，是茨城縣縣府所在地，也是納豆世界的中心。工廠位在一條

---

1 日本甚至還推出了納豆攪拌機來代勞——在攪拌次數正好達到三百零五次時，可以視喜好加入醬油。我沒買下這部機器，但回家後有從專賣市場買了一杯納豆，照著建議次數嘗試一番。攪了大概一百下後，納豆間的黏液變得更濃稠，辛辣的後味久久不散。也許真正的行家在繼續攪拌三百二十四次後可以嚐出味道的差異。

2 枯草桿菌（*B. subtilis*）又稱枯草菌（hay bacillus），普遍存在於土壤（因此也常見於乾草和草地中）。

不起眼的路上，毗鄰一家輪胎店，離中央車站只有短短的步行距離。小廠房依然飄散出濕稻草的味道，在寂靜的午後，前方的小賣場全然不見店主的身影。漫步繞過小小的店面，沿著走廊往前，可以看到隔著玻璃的廠區。裡面的作業人員依然將豆子捲在精挑細選的稻桿內發酵，並以手工裝箱。樓上是以單一展間展示的納豆博物館，細說著納豆的歷史。天狗納豆自開業百年以來，製造這種獨特豆品的方式沒有太大改變。臨走前，我向天狗的店員買了一包傳統稻草包裝的納豆帶回家，靜心等待會出現什麼神奇的變化。

。○。○。

日本的茨城縣雖可說是納豆的中心，但納豆在日本各地都是廣受喜愛的食品。如果想要一睹令人眼花瞭亂的納豆產品，在東京的人可以造訪茨城特產直銷店。店內有數十種納豆，大大小小，從傳統稻草包裝到方便的紙箱包裝，應有盡有。而納豆相關產品也是琳瑯滿目，包括納豆醬、納豆泡菜，以及預先切好、可包進手捲壽司的納豆。那裡甚至還有名爲「乾納豆」的零食，嚼著嚼著，納豆的黏絲就會慢慢重現了。

發現納豆是如此奇妙的發酵食品後，我在日本停留期間開始蒐集各種不同的納豆，儲藏在我傳統日式旅館房間的小冰箱內。到了最後一晚，我已經累積了爲數眾多的納豆，有在火車站

簡易食譜

# 日式納豆拌飯

大多數的日式料理都搭配許多小菜，但要吃一頓飽足的早餐，納豆和米飯可是擔任要角。加入切好的蔥花、海苔，有時甚至是一顆生蛋，便是兼具豐富纖維、蛋白質、維生素、礦物質的一餐。這道簡單的納豆拌飯所需材料爲納豆（許多亞洲食品雜貨店都有，有時甚至擺在冷凍食品區）、醬油、切好的青蔥（增加一點益菌生）、海苔、煮熟的白飯。

你也可以用專賣店賣的納豆菌種，自己做納豆，或是使用仍含有活微生物的納豆。

- 取約1/3杯納豆置於小碗。
- 以筷子攪拌至少30秒；此步驟的確切建議攪拌次數是305次，有耐心的話約需時2.5分鐘（就不用數次數了）。
- 加入約半茶匙的醬油。
- 繼續攪拌到混合均勻，胸懷大志的人就攪拌到119回（大約1分鐘）。
- 將拌好的納豆倒到小碗白飯上。
- 灑上蔥花及碎海苔即可享用。

月台購買的塑膠包裝納豆，也有向廠商直購的傳統稻草束包裝納豆。在日本這段期間，每頓餐點配菜數量之多讓我大爲驚嘆，無論是味道、營養、口感都豐富多樣。知道大多數日式餐點都是相同的陣仗後，我還是決定褻瀆日本料理的神聖傳統，犒賞自己一頓納豆全餐。

爲了享用這頓有違日本傳統的大餐，我首先打開從水戶一家百貨公司地下室買來的小圓罐，裡面附有醬油和辣芥末醬。雖然黏呼呼的，但味道溫和，相當平易近人，加入醬油就幾乎是甜味了。下一個是特產直銷店買來的小包稻草包裝納豆，外層塑膠套有透氣孔。在大口享用納豆前，透過稻草包裝就可以觸摸並看到裡面的納豆。無論從哪處拉開稻桿，都可以把納豆撥出來。由於不太確定正確吃法（加上是在我自己的房間獨自享用），我決定直接就著稻草包裝，用筷子一口一口挖著吃。味道不像第一種那麼溫和，但還挺好吃的。接下來這道是購自水戶天狗納豆店的大包稻草包裝納豆，口味相當溫和，不過要突破層層的硬稻桿也著實費了一番功夫。最後壓軸的是從火車站月台買來的長方盒裝納豆，拌有切好的蔬菜。這是我唯一克服不了的納豆，哎呀，味道實在太嗆了。

在這頓顛覆傳統的晚餐挑選一款款不同的納豆，更加深了這種奇特食品的魅力，即便只是小嚐幾口，就可帶來愉悅動人的美食體驗。納豆本身有點消扁，呈現各式各樣的紋理。而且納豆眞的耐人尋味，有時放下筷子好一段時間了還會晃到你面前，像是活生生的一樣。正如天狗納豆在網站所聲明的：「納豆是活的！」看來似乎是眞的——甚至比枯草桿菌還有活力。

你也可以自製納豆，用購自專賣店的納豆菌種，或是使用仍含有活微生物的納豆。將乾燥的黃豆浸泡一晚，水量要充足。接著將黃豆煮沸至鬆軟，不過這個步驟可能耗費幾小時，所以許多人會改用壓力鍋蒸熟黃豆，將烹煮時間減至約四十五分鐘。將豆子平鋪在有邊的烤盤上，撒布菌種。蓋住豆子（不一定要用稻草包裹），靜置於攝氏二十九至四十一度下發酵約二十四小時（要讓納豆更黏或更臭就放久一點）。瞧！這就是你親手做的黏黏臭臭的納豆。

## 韓國、非洲都有鹼性發酵豆製品

雖然日本創造出如此令人難以置信的食物，但無獨有偶，韓國也有類似的食品「清麴醬」，是在秋冬收成黃豆後製作。清麴醬的歷史可以追溯到西元七世紀。喜馬拉雅山也有一種臭味的酸辣醬tungrymbai，可說是當地的納豆。Tungrymbai非常黏稠，是放進鋪有當地一種植物葉子的竹籃中煮熟的黃豆，經過數天發酵而成。根據一位頗擅言詞的研究人員所述，發酵後的成品像是「散發獨特氣味的棕色團狀物」。但此種黏糊的鹼性泥狀物潛藏著多種不同的微生物，包括**枯草桿菌**，以及**屎腸球菌**（部分菌株爲益生菌）和各種酵母菌，包括**白地黴**（亦是賦予芬蘭類似優格的viili特殊質地的眞菌）。

但是整顆發酵的豆子未必都像清麴醬或納豆如此黏稠或嗆辣。中國有種發酵的黑豆稱爲豆豉，是廣受大眾喜愛的調味品。這些豆子結構更完整，也不怎麼黏糊，在當地受到喜愛顯然已有長久的歷史——西元前一世紀的漢朝古墓就被發現埋有豆豉。

在非洲許多地方，各種不同的菜餚皆可見到以豆類及種子製作的鹼性發酵食材。在西非最常用來發酵的食材是刺槐豆（locust bean），是良好的蛋白質及維生素來源，儘管以豆命名，實際上是種子（形似不規則狀的扁豆）。這些發酵的種子就變成了sumbala這種調味丸，在西非各地深受歡迎。

製作sumbala相當耗費人力，但成品極爲營養。女性傳統上會採摘種子莢，撬開後再猛烈敲打種子，讓種子從莢殼裡面分離開來。分離後的種子會先靜置至乾燥再開始發酵過程（或儲存起來供下一批發酵使用）。經過乾燥的種子會煮熟，然後再次敲打乾燥，之後洗淨再煮沸一次。種子在最後一次烹煮後，會倒進布袋裡，布袋上面再施加重量，讓裡面的種子靜置發酵約三天，最後再把膏狀的成品揉成丸狀儲藏起來。

研究人員指出，在製程一開始，種子經過反覆烹煮，有可能減少了可以幫助啓動發酵過程的微生物數量。但他們注意到，微生物可能是透過製程中的人或媒介，如製作者的手甚至是空氣等進入種子。和納豆一樣，Sumbala是經過鹼性發酵，成品黏性較低，但仍有些軟黏。微生物分析結果發現，此種風味強烈的食物可能包含各種**芽孢桿菌**（*Bacillus*）菌種，以及爲數眾多的**眞菌**（包括**青黴菌**及各種**麴黴**〔*Aspergillus*〕菌種）。Sumbala經常用來調味食物，添加燉菜及其他菜餚的風味。雖然此種美味營養的食品仍循古法持續製作，但恐有逐漸沒落之虞。一組研究人員便寫道：「這種食品有些問題存在，例如存放期限短、包裝材質不美觀，還有特有的腐味和黏性。」Sumbala所含微生物所帶來的益處若有進一步發現，也許才有助於爲其增添恆久的魅力。

## 印尼的黴菌發酵食品

食品雜貨店裡一塊塊的天貝（tempeh）乾淨、平整，以塑膠包裝，俐落地褪去發酵黃豆品複雜多變的原始面貌。此種廣受喜愛且富含蛋白質的食品，實際上是用孢外分泌物凝結而成，連你放在冰箱那包裝普通的天貝也不例外。

天貝是印尼世代相傳的食品，當地人會吃各式各樣的發酵黃豆餅。要製作天貝，首先將黃豆浸泡煮熟，去除豆殼。原本豆子可能是壓在木槿葉裡，葉子有天然存在的**寡孢根黴菌**（*Rhizopus oligosporus*）[3]孢，壓在葉子裡便可靜置發酵。（現行比較常見的做法是，在控管較佳的環境直接加入寡孢根黴菌或**米根黴**〔*Rhizopus oryzae*〕。）發酵好的豆子接著鋪平，在溫暖的室溫下培養大概一天。在這段期間，豆子間會長出眞菌，以白色的菌絲將豆子黏在一起。之後便可將豆餅包裝起來供日後食用。各種微生物也潛藏在發酵的天貝裡，包括**克雷伯氏肺炎菌**（*Klebsiella pneumoniae*）、**植物乳桿菌**、**屎腸球菌**（經證明可抑制李斯特菌成長）及其他菌類及酵母菌，使這項傳統食品生氣勃勃，充滿了微生物。

在這些鹼性黴菌發酵品中，存在一個神奇的微生物世界，有待人們發現及食用。豆子本來就相當易於乾燥供長期儲存，問題來了：爲什麼要大費周章，用一堆毛茸茸的酵母和散發異香的細菌來發酵豆子呢？

除了爲飲食添加微生物以外，這些經過培養的豆子最後也展現出異於未加工或烹煮過的營養價值。在發酵過程中，微生物會分解纖維及蛋白質，甚至合成額外的維生素。在實驗室模擬狀態下，以黃豆製成的天貝甚至可以促進腸道內**雙歧桿菌**的增生。雖然我們的祖先對這一切並沒有明確的瞭解，但可能已從微妙的附加健康效益中有所體認。

黃豆發酵品當然不只有天貝與納豆，還有其他多種面貌。

## 遵循古法的味噌

味噌是發酵黃豆磨碎而得的糊狀食品，一般認爲是源自中國，可能有約五千年的歷史。味噌大致與佛教同時傳入日本，在過去一千五百年來，一直是日本飲食的中心要角。調理味噌最簡單的方式是：以勺子挖取些許味噌，放進熱水攪勻，隨意灑點蔥花（添加一點益菌生）、丟些小塊豆腐，就是全世界日本料理餐廳必然可見的味噌湯了。

不過，在日本，味噌不只是用來煮湯，也可以用來做沙拉醬的調料，爲醬料增添鹽味和鮮味。在甜品中也可見味噌的身影，例如山形縣的味噌特產是混了核桃再包進紫蘇葉。味噌甚至還可以做爲醃漬蔬菜的培養基。味噌可用任何種類或組合的黃豆、大麻籽、小米、黑麥、大麥、米或小麥來製作。

現今在日本可以找到琳瑯滿目的味噌。在東京特產直銷店，整面冰櫃牆滿滿陳列著味噌，並有數十種不同的種類可供顧客試吃。大麥味噌味道清甜，還留有穀片。米味噌的味道幾近甜膩，熟成的純黃豆味噌則是味道濃厚強烈。

製作味噌時，基底的豆類或穀物是採用人工培養的**米麴菌**來發酵（雖然當中也可以找到許

3 據信有助於減少腸胃道感染、降低膽固醇、減緩腫瘤成長，並可帶來其他健康效益。此種真菌甚至經證實可用來處理廢水。

多其他微生物）。黃豆本身可提供酵母和細菌，刺激乳酸菌一起作用於發酵過程。逐漸熟成的味噌糊也充滿了**嗜酸乳桿菌**，有強化免疫系統的效果，並可防止感染。一項研究檢視了飲用加入納豆的味噌湯連續兩週的效果，發現受試者的乳酸桿菌、雙歧桿菌均有增加，有益的短鏈脂肪酸也顯著提升。

°○°○°○°

在日本，許多味噌製廠不僅遵循古法，也採用古老的製具。為了探訪在百年木桶裡慢慢熟成的味噌，我展開超現實的旅程，乘坐從東京車站駛出的子彈列車，馳騁在海岸線，穿越一片面貌模糊的大城小鎮，人口稠密的高樓大廈與郊區風光盡收眼底。在通勤鐵路極度準時的列車間來來回回轉乘後，我終於抵達了岡崎。這座位於日本中部的小城是所謂的八丁[4]味噌之鄉。八丁味噌是最負盛名的味噌製造廠之一，產品不僅進獻給天皇，也為大眾享用。在八丁目的輕工業廠房之間，座落著一棟古色古香的低調矮瓦屋頂建築，八丁味噌會社遠近馳名的味噌即是在此製造。我很快發現製作的奧妙就藏於其中。

該公司在岡崎這條街釀造味噌已有約七百年之久。五百年前，八丁味噌深獲當地少主德川家康青睞（德川家族十六世紀所建的城堡仍矗立在八條街之外）。[5]德川家康後來成為聞名於世的幕府將軍，據說他以八丁味噌做爲軍隊的常備食物。他掌權並遷都至東京[6]後，堅持兒時食用的味噌由岡崎這家味噌廠送入東京，使八丁味噌成爲這位將軍的御用味噌廠。在十九世紀末，八丁味噌亦成爲日本天皇的御用味噌，時至今日依然如此。八丁味噌會社目前的經營者是早川久右衛門，據說爲家族事業第十八代[7]傳人。

味噌製程首先是將黃豆洗淨浸泡後，蒸約兩小時。之後搗碎，混合米麴，但不是任何麴種皆可，而且絕對不可和製作醬油的麴種，甚至是其他味噌製廠的麴種交替使用。八丁的麴種經過數百年來在自身廠房的培養，據說已演化成八丁味噌會社及其製程、製造環境獨有的麴種。這些麴菌與黃豆一起培養約三天，之後加入海鹽和些許的水，再緊壓裝進木桶裡。（以前是工人用腳踩在味噌糊上，將空氣逼出。）八丁味噌工廠將味噌放在巨大的木桶內熟成，這些木桶會延用約一百年才淘汰掉。木桶用檜木製造，僅以編織的竹條箍住，可達七呎高。木桶裝滿後會蓋上木蓋，上面壓著堆積如金字塔的光滑大川石，再靜置發酵。[8]

---

**4** 譯註：八丁指「八丁目」，即「第八街」。

**5** 一九七五年暢銷小說《幕府將軍》（*Shōgun*）及後續改編作品即以德川家康生平為基礎撰寫。

**6** 譯註：東京當時名為江戶。

**7** 譯註：八丁味噌官網所載為十九代。

木桶內的味噌會在單層木造穀倉造型的倉庫內熟成二十四至三十個月。上面壓著石頭的粗大木桶置放在棧板排成一列列，好比直立巨大酒樽所組成的迷宮。這棟黝暗的古建築飄散著陣陣甘香，在四月陰雲密布的天氣，各扇大門會對外敞開。

八丁味噌的基本製程和大多數味噌廠並無兩樣，但是要釀造這種獨一無二的味噌，締造無比濃醇的風味和厚實的黏稠度，就微生物層面來說，關鍵可能在於這些歷史悠久的木桶、古老的木造建築，嵌合在這實體的環境，眞眞切切潛伏在屋椽裡。

味噌深受釀造環境影響，因此日文常可見「**手前味噌**」，也就是「自家製的味噌」這個說法。直譯就是指在伏木暢顕（Nobuaki Fushiki）自家親手所做的味噌，事實上，的確有個人專屬味噌存在。東京的主廚透過翻譯向我說明道：「即使用完全相同的食材，像是完全相同的豆子、鹽巴及其他材料，味道還是會有差異，因爲在每個人的家裡，以及你身上漂浮的細菌都不一樣。這也是每個人之所以都喜歡自己做的味噌。所以在日常對話提到某個東西是『**手前味噌**』，就代表『自誇』。」專屬的微生物讓你可以自賣自誇。

的確有一些廚師正在深切思考所謂自製味噌的意涵。紐約桃福餐廳的大廚張錫鎬與同事不斷在廚房嘗試味噌的做法，他知道這就是「**他們**」專屬的味噌。他與同事在刊載於《美食與食品科學國際期刊》（*International Journal of Gastronomy and Food Science*）的專文中寫道：「即使我們都完全照著相同的食譜製作，使用相同的食材，出來的成品還是各有不同，反映出我們周遭微生物『風土』[9]的細微差異和複雜性。我們走在一股浪潮的尖端，不僅讓我們深度濡染這些古法，也深入領受環境的一切。」

## 一點都不簡單的醬油

另一種黃豆釀造品看似不起眼，卻是無所不在，就是醬油。醬油可能看似相對單純的調味料[10]。我一直認為醬油大概是混合鹽巴、黃豆萃取液，也許加上一點色素、甜味劑製成。許多市售醬油，例如超市販賣的種類，大概和我形容的相去不

8 這些石堆本身即具傳奇色彩。重達數千磅精挑細選的石頭堆疊在每個大味噌桶上，以施加壓力，讓味噌適當發酵。據說這些石堆經過巧妙的擺置，絕對不會崩塌，即使遇到地震也不會傾倒。

9 譯註：Terroir，源自法國葡萄酒文化，指具特殊風土條件的產區。

10 醬油和許多同類的食品一樣，不能算是單一的產品。在各國之間及一國之內的種類多不勝數，單是日本就有十幾種基本的種類。在日本，Tamari（譯註：類似老抽的醬油）是以黃豆為基底，摻雜一點小麥釀製而成。另一方面，Shiro（譯註：白醬油）主要是以小麥釀製。日本最常見的醬油是「濃口」（Koikuchi），介於前兩者之間，以黃豆和小麥約各半釀製。

遠。但在傳統釀造製程，醬油牽涉到較爲複雜的豆類發酵過程，仰賴一連串的黴菌、細菌、酵母菌來產出濃厚微妙的風味。如果未加處理就食用，裡面可是塞滿了各式各樣的微生物。

日式醬油的製程從我們的好朋友麴菌開始。釀造傳統醬油時，要先將培養好的麴菌與整顆完整煮熟的豆子及炒過的穀物混合。接下來二至三天，麴菌便可在豆子上生長成熟，待麴豆布滿菌絲再混入鹽水。

後續發酵過程分成幾個階段。首先由麴菌和少量其他微生物主導發酵過程，之後環境中的其他微生物陸續到來，包括**葡萄球菌**、**乳桿菌**、**芽孢桿菌**等菌種。最後，**魯氏接合酵母**（*Zygosaccharomyces rouxii*，是醬油部分特有風味的幕後功臣）等酵母菌熱情進駐。這些隨著時間交疊起伏的菌相，看起來像是古地層的切面，並不是只有一、兩種菌在作用。

此種舊式醬油製法實際上會有兩種成品。發酵過程完成後，所形成的醬泥（moromi）再以布或過濾器擠搾，流出的液體即爲醬油，而殘留於醬泥的固體可做爲類似味噌的濃厚抹醬，或爲醬汁調味。事實上，醬油很有可能是源自味噌釀製的產物，因爲醬油是在味噌釀造過程積聚的液體。醬油純粹主義者想必會主張事實恰恰相反。

就如味噌及許許多多歷史久遠的發酵品，醬油和地緣、歷史有重大關聯。在二〇一一年日本東岸發生強震後，隨之而來的海嘯席捲了陸前高田集團（Yagisawa Shoten）醬油廠，這座醬油廠自一八〇七年以來，即爲同一家族所有並經營。由於整個庫存和生產區毀壞殆盡，他們不僅失去產品和廠房設備，也喪失了獨有的製作環境和培養菌，亦即讓他們製作出專屬醬油的微生物菌株。但後來一瓶殘存的醬油被發現，是該公司先前捐贈給當地一所醫學大學做爲研究之用，這瓶醬油神奇地留存下來，即使該大學實驗室遭到毀壞仍逃過一劫。在醬油瓶被挖出後，裡面的培養菌被歸還給原主人陸前高田集團，其古法醬油也得以再次生產。

## 融合科學和美學的發酵料理

在日本，發酵不單指製作味噌、納豆、糠漬等，而是如主廚伏木暢顕所體現的，是一種對文化的迷戀。伏木暢顕在東京開設標榜發酵釀造料理的「塩尻釀造所」餐廳並擔任主廚，結合古老的微生物培養法與其構思的新料理取向。餐廳名稱含有「釀造」二字，用來彰顯他的許多食材製作過程，涵蓋範圍遠不止於其提供的日本清酒和啤酒。

在東京澀谷區靜謐處，優雅低調的街道驀地隱現，他的餐廳便座落於此。內部空間乍看之下像是附近開的西班牙風味小餐館，但來客很快就會意識到這是一家不尋常的餐廳。一進大門就映入眼簾的料理台，排滿了醬油、茶、蔬果的發酵罐，沿著橫樑吊著一根細繩，掛著某種乾燥的食材，神祕的氣氛瀰漫在舒適又簡樸的用餐區。

我造訪的那晚，是結束長途飛行後就立刻趕來，當時餐廳已經結束營業。但伏木早就為我準備好一頓精緻的晚餐，還有一些當地的友人作陪，順便充當翻譯兼解說員。

第一道菜是味噌湯，以未高溫殺菌的味噌與馬鈴薯絲烹煮，帶有微妙的美味和鮮甜味。接著是伏木的壽司料理，以米飯包覆一片鮪魚和發酵四天的酪梨味噌。焦糖化的發酵醬油為一道狀似布丁並有多層食材的湯品畫龍點睛。這道湯品包含蛋塔及一層發酵過的河鰻內臟，上方灑有柴魚片和辣椒。之後端上的是加入巴薩米可醋[11]的發酵黑米飯糰，外面包著發酵過的黃鰭鮪，最上面則是鋪著薄蘿蔔片、蔥及魚卵；這道菜帶有細緻複雜的風味，發酵過的米飯添加了些許特殊但還不賴的味道。壽司料理最後一道是鮪魚片鋪上用大蒜和橄欖油釀製的番茄。

到目前為止還只是晚餐的序幕而已。下一道菜盛裝在一個精美的漆木盤，共有十三種不同的小菜，有醃豆子、醃鯖魚、醃豆腐、醃李子，還有以納豆發酵醃製的肝。伏木的每道菜都經過精心搭配，各種味道恰如其分，即使有些味道有點強烈，像是發酵後的魷魚內臟。他兼容並蓄、傾注巧思，從日本舊傳統和當代全球文化汲取靈感。我們討論菜色的時候，他表示最近聽了麥可・傑克森的《顫慄》[12]，讓他聯想到自己製作的就是「殭屍食品」，用活菌使這些食品復活。

第二個大食盤上場，展現出我見過最美麗的食物擺盤。盤中的造景好比春日景致再現，灑布著小花瓣，並在一個小杯中用日本紫蘇枝造出袖珍樹景，待一尾「醉蝦」（用清酒醃製）探頭望來才回到現實。在九種不同的菜品中，以魚類爲大宗，但蔬菜也未屈居於下。醃蘿蔔乾柔軟鮮甜，還有一種蘿蔔以櫻花葉發酵醃製，有驚人的清爽風味，而花朵與蜂蜜的淡淡甜味平衡了其中的苦味；一把醃紫菜令人嚐到了大海的純正味道。喜歡用一鍋輕鬆搞定晚餐，甚至一度被暱稱爲「懶人廚師」的我，不由得驚呆了。我談到伏木爲了準備這些極其複雜的美味佳餚（而且親自端上桌）一定忙得團團轉，他謙虛地開玩笑道：「我有一大堆廚師幫我啊！就是細菌！」

而他的細菌饗宴還沒告一段落。中場的湯品是蝦鬆清湯佐酵母醃製蕨菜，可謂愉悅輕柔的插曲。緊接著登場的是以味噌、百里香、紅酒醃製的雞肉串，佐磨碎的山葵及金針花。

---

11 譯註：Balsamic vinegar，義大利陳年葡萄醋。

12 譯註：*Thriller*，專輯MV以殭屍舞著稱。

最後壓軸的是一道簡單樸實的甜點，他呈上一小杯草莓飲料，是草莓甘酒，以米麴製成的傳統日本飲品。伏木版的甘酒有米麴的淡淡甜味，與優格的淡白色兩相平衡，調合出清爽的夏日草莓飲品。

伏木把自己當成釀酒師（brewer），而這個名詞在日文不只是指釀造啤酒的人。他認爲與微生物共同「下廚」可以鑽研日本底蘊深厚的料理傳統，也可創新料理的各種風味、質地及呈現方式。他有幾道菜，例如味噌醃製的雞肉串，的確是煮過的，消滅了一些微生物。但他估計，他的發酵料理有三分之二是生吃的，裡面的微生物依然健在。但這不是他的優先考量，他表示：「我十分重視微生物所造就的鮮味、甜味和風味，這是人類無法複製和創造的。」因此，他的料理可能有益健康，但他的優先考量是風味，而非健康效益。就如他開玩笑道：「舉例來說，含有微生物的生食，要是以健康爲優先考量就不好吃了。」他說完自己也大笑。

有這麼多的創意料理必須藉助微生物之力，因此也帶來一些不可預測性。所以我問他，如此充滿變數的料理過程是否很有挑戰性。他答道：「身爲日本人，早已習慣不同發酵過程所帶來的變數，享受變數也是享受發酵食品的一環。」當我問到他是否將自己的料理手法視爲一種藝術或科學，他認爲自己的作品是揉合科學與美學之作。

既是科學家又是美學家的伏木，是一位孜孜不倦的實驗大師。他用一般的納豆酵種來製作自家的黃豆納豆。然而，他表示理論上：「這種酵種可以用來發酵任何東西。」他也不斷測試，根據自己的計算，共試了兩百種不同的食材。最後他總結說道，成果最佳的還是用煮熟的黃豆來餵食這些經過特殊訓練的微生物。

而且這個做法也有很好的理由佐證。任何一而再、再而三被用於相同用途的微生物，會開始適應這個過程，舉凡動植物、眞菌或細菌皆是如此。雖然我們不會將微生物當成玉米或牛來看待，但我們已馴化了許多菌株，將之從野生的狀態，例如棲生於植物、土壤或人體，引導至我們選擇的食物，提供有益的分解服務，納豆培養菌只是其中一個例子，米麴則是另一個範例。在解說途中，伏木忽然衝到後面的房間，回來時帶著一個大玻璃罐，裡面裝著結成厚塊的土黃色糊狀物。這是他釀製了六年的味噌，他堅持要我們品嚐一下。這罐味噌黝黑至極，味道無比濃厚。最後那罐味噌分割出一整塊微生物創造的宇宙，裝入塑膠桶，躺在我家的冰箱裡。

伏木也有私房醬油，是眞正的老醬油。他表示要找到未經高溫殺菌的傳統醬油並不容易，所以就自己釀造。他說著「這是醬油」，一邊拿出他（確實）釀造了三年的手工醬油，是放在一個大的瓷甕中發酵。他將鹽水摻進已發酵的黃豆，讓麴豆慢慢熟成至散發甘甜味爲止。他給了我一小罐醬油讓我帶回家，並教我：「每兩週攪拌一次，要親手攪拌，你自己的細菌才會大量滲入醬油裡。」

他接著又搬出在大玻璃罐裡釀了「六」年的醬油。這不是我所知道的醬油，似乎是完全不同的食品，濃稠又極爲甘醇。伏木說這罐釀造六年的醬油格外需要小心照顧。醬油採中度發酵後，經壓搾將液體瀝出，這時再添加更多酵母菌。隨著時間過去，醬油會變成非常濃稠，近乎味噌的質地。

許多這類黃豆發酵食品的標記之一，是通常因烹煮而產生的褐變，稱爲梅納反應（Maillard reaction）。以味噌來說，是胺基酸（構成蛋白質的基本單位）與發酵過程產生的糖反應時產生褐變。這說明了一般褐色味噌與淡色味噌的差異；淡色味噌是以去除較多原有蛋白質的黃豆製作。[13]

伏木稱自己是「梅納反應狂——我對任何褐化的東西都會有激烈的反應！」他笑道。似乎爲了證明這一點，他說他也（剛好）有放了五十一年的味噌（比他的年紀還大）。他說：「聞起來像馬房。」

對於發酵的迷戀不只展現在日本廚師的料理和巧心，日常生活也處處可見。舉例來說，有一個動漫系列，包括漫畫與電視動畫，便是在探索發酵的奧妙，設定不同的微生物做爲人類主角的伙伴。在獲獎的《農大菌物語》中，少年主角澤木直保可以看見微生物並與之溝通。這些配角打開了未知世界的大門，揭開私自釀酒的計謀，並找到埋藏的醃海雀（kiviak，格陵蘭的傳統飲食，是將生海雀塞進生海豹腹腔內發酵的食品）。微生物被描繪成各種萌菌角色，頁邊空白處也會標示角色姓名和特性。[14] 澤木的小跟班是米麴菌，是停在他肩膀上的小幫手。

在日本，無論是在手機、袋子上，到處都可以看到各種萌角色和吉祥物，眞的是橫空出世。當中有無數可愛的動物，但也有厭世的「蛋黃哥」和憂鬱的「烤焦麵包」，其中的要角是「納豆妖精黏黏君」[15]。

黏黏君和許多角色一樣，不是只有僵化微笑的版本，而有千變萬化的面貌，這也相當有道理，因爲黏黏君是用來代表納豆不斷變化的特性。出現在鑰匙圈及絨毛玩具的某些版本甚至張嘴吐舌，活像在演繹「噁心萌物」。

13 白味噌製作時會將黃豆煮熟，去除較多蛋白質後再行發酵。發酵時會添加米或米麴，而且發酵時間較短。

14 另外，萌菌要對食物或飲料開始作用時，會喊出「釀了你唷！」，反映出發酵過程及機制認知上的微妙文化差異。伏木用「釀造所」這個詞來描述他的發酵料理餐廳，也反映出此種觀點。

15 「ねば~る君」，「ねば」在日文用來形容黏黏的東西。

簡易食譜

# 伏木暢顕的味噌與酪梨抹醬

這款簡單的味噌醬非常美味，可以做爲抹醬或沾醬食用。伏木暢顕主廚在他的餐廳會塗一點在鮪魚壽司上。食材包括味噌、酪梨、大蒜、橄欖油、芝麻。以下做法使用了大量的味噌（因此鹹味很重），可以放在冰箱好幾週。如果想要較清爽的口感，請將味噌和酪梨的份量對調，並盡快食用。

用電動攪拌器打勻以下材料：

7盎司的味噌

1顆酪梨的果肉

1瓣蒜頭

1/4杯橄欖油

2大匙芝麻

打勻後即可存放冰箱以備日後食用。

不過，這不太可能是黏黏君的本意。

即使沒有現今關於食物及人體內微生物的科學知識，日本長久以來一直將發酵品視爲健康食品，有這種認知，一開始嚐到出乎意料的味道或質地也就不會抗拒了。

與作家坂本由佳莉共進午餐時，她說明了日本對食物單純而又革新的態度：「在日本，人們會說：『吃這個，有益健康』。」食物便是這麼一回事，味道是否令人心動或愉悅是次要考量。她說道：「日本人最重視健康效益」，並提到最近有個電視節目整集都在介紹納豆有益健康的特質。事實的確如此。我在一家高級食品店詢問一種發酵醬汁時，女售貨員回答的不是「這味道很棒」或「當沙拉醬眞的很好吃」。即使這兩個答案當然都是對的，她卻答道：「那還用說，這個有益生菌啊！」

這種思維很早就萌生了。日本人從小就接觸到各式各樣的食物，包括納豆。不是所有的小孩都愛吃餅乾零嘴，事實上，坂本說她兒子表達的第一句話是先比出**「還要」**的手勢，再說納豆的暱稱[16]。

坂本說：「我從來沒有特地爲他做什麼食物，我們吃什麼，他就吃什麼。」她接著解釋，

---

16 以美國的情形來說，我們鄰居的女兒說的第一句話是比出「還要」的手勢，再說「培根」這個詞。

小孩子去上學，在學校也不能挑食。不管菜色怎麼樣，老師都會要求學生把家長準備的便當吃光光。

## 可可的神祕成分

豆類和種子當然是以沒發酵就食用的情形居多，在這種較慣常的狀態下，也對腸道微生物體有正面影響，提供重要的益菌生成分。主要的正面作用來自抗性澱粉，或多或少自然存在於扁豆、腰豆、眉豆及其他植物性食品。抗性澱粉成分和植物的結構息息相關，也就是植物經碾磨、烹煮或加工的程度愈高，留給我們，或正確來說，留給人體微生物的抗性澱粉就愈少。

不過，益菌生（也就是餵養微生物的成分），不只來自我們認為應該攝取的食品，還有一種神奇的豆子有益腸道微生物，就是可可豆。

從瑞士格魯耶爾村步行約一個小時，即可抵達布羅克（Broc）鎮。鎮上座落著瑞士遠近馳名的的巧克力工廠La Maison Cailler。雖然Cailler的巧克力直到最近才在海外販售，卻是瑞士最有名的品牌之一。該公司創立於一八一九年，每年使用數百萬磅可可來製作廣受喜愛的巧克力。造型宏偉的廠房建於十九世紀末，今日仍屹立在該公司的旗艦廠區。

巧克力直到十六世紀才傳至歐洲，距中世紀第一塊輪狀格魯耶爾乳酪被推出洞穴有數世紀之遙。但原產於中、南美洲的可可豆，長期以來提供了廣受歡迎的飲料和藥用飲品。基因研究顯示，人類首次栽種可可樹是在現今的秘魯。而從古瓷罐殘留物可推測人類已飲用可可至少四千年之久。可可被奉爲祭典所用飲品，可可豆有時甚至可當貨幣使用。

可可傳至歐洲後開始普及，一開始是做爲泡沫飲料。然而，拜一個瑞士家族之賜，可可搖身一變，成爲今日所見的巧克力棒。十九世紀初，弗朗西斯·路易斯·卡耶爾（François-Louis Cailler）在離洛桑市（Lausanne）不遠處的日內瓦湖（Lake Geneva）北岸，創建了早期的可可加工廠。但在當時，如Cailler廠的導遊所描述，所生產的巧克力就是「一堆碎片」。卡耶爾的女婿丹尼爾·彼得（Daniel Peter）原先是附近的蠟燭製作商，他想到了改進產品的點子。他向經營嬰兒奶粉廠的鄰居亨利·雀巢[17]（Henri Nestlé）尋求合作，兩人共同研發出現代的牛奶巧克力。Cailler巧克力廠在一九二〇年代被雀巢收購，乳製品原料依然來自當地格魯耶爾村的牛，但可可就得向更遠的中美洲和西非進貨。[18]

數十年來，**食用可可和黑巧克力據說有多種正面健康效益，例如提高胰島素敏感性、改善心臟健康，甚至還可減輕焦慮**。研究人員臆測，這些功效一部分歸功於可可含有的多酚物質

17 譯註：雀巢品牌創始人。

18 可可豆本身產製必須仰賴精細的發酵製程，等我們拿到成品時，在發酵階段的微生物早就消失了。

簡易食譜

# 可可燕麥粥

並不是每次要享用富含微生物的一餐都要用到自製食材或四處尋找專賣店來張羅，只要每天早餐稍做變化，也可以簡簡單單變出一餐。

食品生物化學家約翰．芬里（John Finley）是路易斯安那州立大學實驗室發酵研究專案的資深研究員，其研究成果發現了可可的益菌生功效。約翰表示受到研究成果的啓發，他決定將可可加進早餐燕麥片裡。雖然太太用懷疑的眼光看著他早餐的新配料，但約翰知道這可是對他體內的微生物大有助益。

試試這道簡單又營養的粥品，可以當早餐或點心享用。食材包括燕麥片、無糖可可粉，可視喜好添加核桃、肉桂、優格或克菲爾發酵乳。

- 將1杯水燒開。
- 加入半杯燕麥片以小火煮熟（10～20分鐘）。
- 將煮好的粥倒至碗內，在上方灑上1茶匙（或更多）無糖可可粉；可視喜好添加：

  碎核桃

  肉桂

  少許優格或克菲爾發酵乳（活跳跳的培養菌是一定要的）

（如類黃酮）。一直以來有無數的書籍描述多酚的預期功效，包含紅酒的療效、綠茶的排毒效果等，但多酚在體內究竟如何作用始終有點令人費解，科學家不確定這些化合物實際上如何被身體吸收利用。加州大學舊金山分校的彼德．特恩博指出：「這些化合物令人困惑之處在於，它們並沒有被人體消化。我們從不同的食物中攝取多酚，但多酚基本上被困在腸道，所以這是個大謎團。」。但他補充道：「有極小部分被腸道細菌分解成下游的代謝產物，便可被人體吸收。」的確，另一組研究人員的一項研究發現「可可含有的類黃酮可透過增加雙歧桿菌與乳酸桿菌的相對數量，將人體腸道微生物相調節成較『有益健康的狀態』。」

當然，這些效益來自可可本身，但我們攝取可可時，成分往往因爲巧克力棒含有較不利健康的糖和脂肪而被稀釋掉了。不過，瑞士人自有因應之道。瑞士是全球最愛巧克力的國家，每人每年平均吃掉近二十磅的巧克力（是美國人的兩倍以上）。儘管當地飲食偏重高熱量食物，但**瑞士人因心臟病致死的比例是全球第三低，瑞士在歐洲也是大腸癌罹患率最低的國家之一**。

在遠離瑞士高山草原之處，鄰近美國路易斯安那州沼澤的一座實驗室裡，有條腸道正在探索可可深藏的祕密。在實驗室所在地巴頓魯治市（Baton Rouge），研究人員發現，如果將可可粉放在實驗用的腸道發酵器的一端，抗炎化合物會從另一端釋出。

他們利用模擬腸道讓可可陸續接觸人類的消化酶及腸道微生物。[19] 這些測試對於可可暗中扮演的益菌生角色，有極爲驚人的發現。在他們的實驗中，人類的消化酶能讓可可釋出黃酮醇（一種植物性成分，有助於減少許多慢性病的發生率）。這些黃酮醇接著在微生物發酵作用下，分解成微小的抗炎化合物，讓人體可以確實吸收。此外，可可所含的多酚也可能促進更多有益微生物在消化道內增生。

這些可可豆還眞不賴，當然我們體內的微生物也有小助一臂之力。

其他實驗室也正在構思更靈活又精確的方式來觀察我們吃下可可這類食物時，腸道內會發生什麼事。我造訪了瑞士一間以此爲研究主題的實驗室，親眼一探腸道科學的端倪。

在蘇黎世聯邦理工學院（Swiss Federal Institute of Technology Zurich）一個小房間，放置著六條腸道，在每條腸道內翻轉流動的是褐色液體。之所以可以看到這些液體，是因爲這些腸道很乾淨，而且是實驗用的模擬器。每條腸道狀似玻璃瓶，透過一堆管子連結起來，布滿排泄物，是該大學食品科學營養研究所（Institute of Food Science and Nutrition）食品生物科技學家克里斯多福·拉克魯瓦（Christophe Lacroix）引以爲傲的心頭好。

這房間聞起來，呃，像是拉稀，因爲模擬器基本上混合了眞實人體樣本的稀釋物。這是一種會大剌剌自行貼進你鼻孔的味道[20]，但正值班操作實驗的女研究員似乎毫不在意。儘管充斥著這些生物材料，實驗室卻不太需要嚴密的安全措施。帶我參觀發酵室的湯瑪斯·德·烏特斯（Tòmas de Wouters）告訴我：「這地方不會比公廁危險。」不過，他也說道：「沒必要就不要亂摸任何東西。」（這忠告應該也適用於公廁。）

這一整套模擬系統即使沒能完美複製外觀，至少也模擬了人體下腸胃道的功能，不必像其他先前的模擬器，必須將食物推送至冗長的各個消化腔室。這些玻璃瓶就像人類的腸道，處於無氧狀態。微生物從捐贈者的排泄物樣本提取後，經過培養，透過系統分送至不同的腸道腔室。如此一來，研究人員可以有五個使用相同微生物群的模擬「腸道」。除此之外還有一個控制組腸道，這些科學家可以操控腸道環境，復原樣本，使其狀態類似大腸上部的微生物群，或將其與大腸下部的微生物相比較，而且實驗一次可持續進行數個月。

這套精巧但可能有點味道的模擬系統，也可讓研究人員觀察不同條件下的代謝產品及生態

---

19 從研究生的「捐贈品」提取而來。

20 我得到沉痛的教訓，午餐會議前的最後一站不應該來這個地方的。

變遷。我到訪的時候，他們正在測試各種不同的纖維，觀察有多少受到微生物分解，當中產生何種短鏈脂肪酸。尤其是他們正在探查能促使微生物相產生丁酸的可溶性纖維，而丁酸可促進大腸主要細胞的成長。當然，此種有益化合物的生產率也取決於樣本捐贈者及其微生物群相，因此研究人員會用不同捐贈者的樣本進行相同測試，以比較結果，找出可能的趨勢。

他們也可藉此研究和健康相關的特定要素，包括滯留時間（物質從進來到出去的時間）及酸鹼值的變動。這些重要的變數在眞實的人體腸道可能遭到無數因素干擾而混淆不清。烏特斯說道：「最後亂成一團」，因爲人們在眞實生活中會受到各種因素影響。但在這個嚴控的實驗室環境下，他們可以觀察到酸鹼值可能只改變○・二，對模擬腸道表現就有很大的影響。他指出：「在實驗室可以看到無法在捐贈者體內看到的狀態。」研究人員也可針對炎症性腸病或其他疾病患者樣本進行測試，還可以培養獨特的微生物群，測試其表現。

就如克里斯多福・拉克魯瓦及同事在一篇論文所述，人體微生物的標準基因定序，對瞭解腸道內有**哪些**微生物是一大福音。但也如我們所知，無法從中得知微生物的**動態**。當前我們必須著手「抽絲剝繭，探知微生物間互動的複雜狀態，以及辨別促發腸道發酵的重要生態位[21]」，他們在文中寫道。

他也因此設計出玻璃腸道發酵器。我拜訪拉克魯瓦時，他在充滿陽光且離發酵室並不遠的辦公室，以咬字清晰的英文向我說明：「我們在發酵器內模擬腸道微生物的運作，也可在腸道發酵器進行培養，模擬感染狀態。之後會用這些模擬器測試抗生素、益生菌等療法。」

拉克魯瓦與同事對益菌生及其如何影響腸道的微生物體和產物非常感興趣。他表示：「益菌生向來是重要的元素，所以可以特別用來促進某些活動，無論是代謝或是強化特定微生物群。當前的挑戰在於找出更具體且對特定微生物群較有作用的益菌生，可能需要將益菌生的概念擴及範圍更大的化合物。」而在這段談話後，益菌生的概念確實延伸了，因爲科學家同意，「益菌生」一詞應包含：有助微生物對宿主具正面影響的所有物質，無論是否在腸道內。這定義相當合理，因爲我們理應樂於幫助我們的益菌，不論牠們生存在我們的腸道或皮膚，都要一視同仁。

拉克魯瓦和同事也用較廣泛的定義看待飲食。他說道：「任何食物都會影響腸道的微生物相。提到食物，事情就更棘手了，因爲要控制食物的攝取並不容易。我們知道某些食物，像是難以消化的纖維，是微生物的食物來源，而微生物可改變代謝活動的均衡狀態。如果拿許多食物進行研究，當中有許許多多的組成元素。這些元素是如何被吸收的？如何與微生物接觸？如

21 譯註：Ecological niche，物種所處環境及其本身生活習性的總稱。

何改變微生物的特性及活動？這是個重大的問題。」他們正在尋求解答，而且一次用六個腸道來實驗。

與此同時，我也必須問拉克魯瓦，他從這些模擬腸道實驗蒐集到什麼資訊，是否將從中所學應用到自己的生活。他表示自己會讓飲食保持均衡，說道：「對我來說，我對食物的要求較爲簡單。食物應該新鮮、有益健康，能開心享用又豐富多元，這是要點所在。我們需要攝取各式各樣的食物，各式各樣的微生物才能自然受到這些食物的餵養。」

關於發酵食物的討論，從可可到泡菜、克菲爾發酵乳，似乎已經全部概括了。但其實還有一項食物的範疇尚未觸及，其涵蓋了消化的複雜機制及出人意表的食品，是個藉助微生物發酵的大無畏世界——肉品醃製。

# Chapter 8

# 鹹魚翻身：肉品

要保存動物的肉，最常見的策略不是泡鹽水、釀成醬汁、製成糊狀、搥打，而是埋起來。

The Undead: Meat

爲什麼要拿肉來發酵醃製？這是顯而易見但又令人困惑的問題。如果有種食物的腐敗過程必須具備相當的智慧才能控管，腐肉應該當之無愧。腐壞的蔬菜可能變得黏答答，乳製品可能散發臭味，穀類可能布滿黴菌，但腐壞的肉要是有不適當的微生物進駐，可能立刻具有高度危險性。我們一聞到腐肉味便感到噁心，便是很好的證據。但如果你吃過臘腸或傳統的魚露，就表示你吃過發酵的肉品，你也知道這些食物要是處理得當，可以變成美味佳餚。

綜觀人類歷史，有很長一段時間，肉類似乎是屬於特殊而非基本的食品。傳統上，肉類取得有限，需視獸群季節性遷移、偶發情況，或是投入大量時間資源養殖的結果而定。正因如此，許多族群想方設法，讓這個珍貴的蛋白質與脂肪來源能比天然的保存期限存放更久。而說到天然保存期限，除了在北極的氣候以外，往往不會太長。

所以，如果蔬菜變成醃菜，乳製品變身成優格與乳酪，豆類變形成黏糊，發酵後的肉又會「**變成**」什麼樣子？

這個問題的答案可不少，有生火腿、魚露、醃壽司、惡名昭彰的鹽醃鯡魚（密封於罐頭內發酵），以及醃海雀（將整隻生海雀塞進生海豹挖空的腹腔，密封後埋在地底下連續發酵數個月）。在我們一頭鑽入這個狂野的醃肉世界前，先來認識一下較熟悉的食品：香腸。

## 醃製美味香腸

和乳酪一樣，義大利香腸（salami）及其他發酵肉品，都是在刻意控管、經大量微生物作用的製程下熟成的食品。若以傳統方式醃製處理，這些肉品也可提供可能對人體有益的各種微生物。

遺憾的是，現今在我們餐盤上的許多醃肉未必都採傳統的方式處理。內布拉斯加大學林肯分校的發酵食品及人類健康研究學者羅伯特．哈金斯指出：「在美國，我們熟悉的香腸和義大利香腸大多會經過高溫處理，確保食品安全和保存期限。但這道高溫處理步驟也消滅了大多數的細菌。在歐洲，尤其是南歐，人們會食用很多未煮過的乾醃香腸，『**那些**』含有很多微生物的香腸。」

在這種充滿微生物的環境下醃製的肉類，有幾種基本類型。有完整未經切割的肉品，例如生火腿[1]，製作方法是將整隻腿（豬腿）清乾淨後，以鹽巴醃製數天至數週，讓鹽（以及有時

---

1 譯註：義大利稱prosciutto，西班牙則稱為jamón。

額外加載的重量）瀝除水分。之後再洗去鹽巴，吊起來風乾數月至數年之久才販售[2]、切片，供人們享用。一項伊比利黑毛豬火腿（Iberian ham）的研究發現，常見於人類和動物皮膚的**微球菌**（*Micrococcus*）及**葡萄球菌**（*Staphylococcus*）等菌種，仍在肉中生存活動，使火腿醞釀出特有的氣味和風味。

此外還有硬式香腸，這些可不是Jimmy Dean的小圓香腸或早餐的長條香腸。硬式香腸是將混合肉灌入腸衣細心醃製而成，不同於煮來當早午餐或烤肉時烤來吃的香腸，這些香腸是「生」吃的。但這些生香腸之於真正的生肉，好比德國酸菜之於包心菜，本質已完全轉變，只是沒有經過高溫處理。發酵過程將生香腸轉化成可安全享用的美味食品。

同樣好比德國酸菜的製作方式，這些生香腸的製程主要是提供適當條件，促進適當的微生物增生。李歐・米勒（Leo Miele）是蘇黎世聯邦理工學院專精發酵動物產品的食品研究學者，他表示：「在歐洲一些地區，有時仍然是採用天然的發酵過程。」也就是說，讓微生物自行滋生。米勒以瑞士口音的英文解釋道：「肉基本上是無菌的，但在屠宰過程會接觸到環境，使細菌得以進入。**乳酸菌**可以幫助肉發酵，而**葡萄球菌**可讓肉產生香味。這是歐洲到處可見的典型肉品發酵方式。」

香腸可以用任何一種瘦肉製作，包括豬、牛、山羊、綿羊，甚至駱駝或馬肉。不管以哪種肉爲主，加入的肥肉通常是豬肉。製作這種發酵香腸的方式是，先將瘦肉和肥肉剁碎混合，加入鹽、調味料，通常還會添加醃製用的亞硝酸鹽（做爲防腐劑，也可讓醃肉產生粉紅色澤）。肉糊接著塞入腸衣，傳統上是用動物的腸子製作，所有的氣泡都必須擠出。在處理過程中進入肉裡的乳酸菌會慢慢將碳水化合物（來自肉，有時是來自添加的糖）轉換成乳酸，使環境的酸性增加，較不利於可能造成肉質腐敗的微生物生長。

在歐洲，此種醃製過程歷來是在較寒冷的月份進行，較低的常溫可讓肉品緩慢穩定發酵，同時抑制有害微生物的成長。此外，濕度也相當重要。不同於許多仰賴浸泡來創造無氧環境的發酵品，香腸是吊起來露天風乾。但過於乾燥的環境可能導致香腸乾燥過快，產生不必要的裂縫。這個過程可能需時數週至數個月。只要經過適當發酵，這些需要較長時間發酵的硬式香腸可以在室溫及中等濕度下保存一年以上，對生肉來說算是不錯的保存期限。

所以醃製過程是如何運作？乳酸菌會將香腸的酸鹼值降至約五或五・五。優勢菌種包括**乳**

2 有時在價格方面，最上等的伊比利火腿（jamón ibérico）每隻要價可達數千美元以上。

**桿菌屬、片球菌屬**（*Pediococcus*）、**葡萄球菌屬**及**鏈球菌屬**。在義大利東北部對傳統發酵香腸的一項研究發現裡面含有約一百五十種乳酸菌株，大多數是**彎曲乳桿菌**（*Lactobacillus curvatus*，其菌株可做爲益生菌販售，可能有助於降低膽固醇），或**清酒乳桿菌**（可能有益於免疫系統）。

大規模的商業製程通常不願冒險碰運氣，而是採用菌酛（starter culture），使發酵成果更可靠、更能掌控（製程複雜度降低）。和乳製品的道理一樣，各種菌株相混合可產生不同的風味和質地。聯合國糧食與農業組織在一篇關於香腸製作的報告指出：「**乳桿菌會使環境快速酸化。片球菌則是讓酸化速度放慢。特定幾種葡萄球菌株可以快速減少亞硝酸鹽、穩定醃肉色澤，並降低脂肪酸敗的風險。**」菌株的混合比例也可能視香腸大小而定。較小的香腸（最大直徑約二・五吋，約六公分）通常乳桿菌與葡萄球菌株各半，較大的香腸（最大直徑約四吋，約十公分）通常使用較多葡萄球菌，有助於較長的醃製過程。

雖然整個過程看似都讓細菌包辦了，但細菌並不是唯一在作用的微生物。腸衣外面通常會長一層黴菌，可以是天然產生或刻意植入。這些有益的黴菌有助於香腸產生特有的味道，也可抑制表面有害微生物的成長。一項關於土耳其乾醃香腸（sucuk）的研究發現裡面有兩百五十五種酵母菌株，包括**漢遜德巴利酵母**（*Debaryomyces hansenii*，喜好偏鹹環境，在猶他州大鹽湖以及多種乳酪中都可見到其蹤跡）。

發酵期較短的軟式香腸被稱爲半乾香腸或夏日香腸。**以葡萄球菌爲主的菌酛有助於快速降低酸鹼值，促進發酵夥伴乳桿菌種的活動**。這些香腸也可能採冷燻法製作，但通常數天至數週便能熟成，之後便可穩定存放以供食用，味道比長時間熟成的香腸（酸鹼值約四．八至五．四）來得酸，而且相當濕潤，有些甚至可以攤開來。

鄰近赤道地區的居民有自己的一套發酵香腸製法，只不過速度遠較其他製程快，成品也明顯較爲濕潤。越南的酸肉（nem chua）是一種酸味香腸開胃菜，以生豬肉、豬皮、磨成細粉的米加上香料及鹽醃製。不同於歐洲的風乾香腸，此種香腸是用葉子包裹（通常用香蕉葉），在無氧環境內發酵一、兩天。所加入的米粉可提供澱粉餵食乳酸菌，加快發酵速度。在醃製狀態下，酸味香腸包含了大量的微生物，包括**植物乳桿菌**、**短乳桿菌**（其菌株可做爲益生菌販售）、**香腸乳桿菌**（*L. farciminis*，另一種益生菌，其抗炎性爲研究重點）等。泰式料理也有類似的快速發酵香腸naem，同樣含有短乳桿菌、植物乳桿菌，以及其他細菌和酵母菌。

## 氣味濃厚的魚露和塩辛

在發酵肉品世界的另一端，許多動物蛋白質保存方法不是利用乾燥，而是液化的手法。以擁有熱帶海岸線的東南亞國家爲例，保存豐收的漁獲可謂一大難題，而魚露是相傳已久的解決之道。越南具有代表性的魚露（nuóc mâm），原始材料只有鯷魚和鹽。製作方式是將魚肉混合大量的鹽巴（魚肉和鹽約三比一），然後置於木桶中，在攝氏三十五至五十度的高溫下發酵一年以上。達到適當的酸度後，將魚肉壓榨瀝汁並過濾。在越南當地，此種魚露可做爲各種不同菜餚的調味料，也爲其攙進少量的**植物乳桿菌**、**枯草桿菌**，以及數種有益微生物。魚露成爲餐桌上的常客，有八千九百萬人口[3]的越南，一年可以生產約五千八百萬加侖的魚露。魚露並不是越南獨有的食品，眾多國家都有製作魚露的傳統。在泰國有nam pla、日本有塩汁，在菲律賓當地也有稱爲patis的魚露。

很多魚露使用各式各樣的海鮮和製程來製作。旅居東京的美籍廚師及作家伊莉莎白．安達提到許多發酵魚露時表示：「這些魚露的味道非常濃厚。」比你在附近食品雜貨店買的還要強烈一點。有些使用了各種無所不包的小漁獲，包括小型的魚、鰻、蝦、魷魚、章魚等。有些是先將漁獲風乾，有些使用一整隻完整的海鮮，也有只取內臟的。這些食材匯集在一起，可以釀造出美味濃醇的鹹醬汁，而且包含了營養成分及微生物。一項研究採用四種亞洲魚露來培養微生物，發現近四十種不同的微生物種，包括細菌以及眞菌在內。而一項針對泰國魚類發酵品的研究發現了十餘種乳酸菌種，包括兩種全新的菌種。此研究並未進行基因定序，否則還可能辨識出更大量的菌種及菌株。

雖然現今發酵魚露主要出現在亞洲料理，但其以往在歐洲也曾是常用的調味料。古羅馬人會用魚醬（garum）爲菜餚增添風味，是從希臘人的配方改良而來。與全球其他地區依然使用的製程相仿，古羅馬魚醬的做法是將魚的內臟與鹽巴混合，然後靜置發酵。義大利阿馬爾菲海岸（Amalfi Coast）一座小鎭今日仍生產一種魚醬，稱爲colatura di alici，大概是「鯷魚漿」的意思。請慢慢享用！

°o°·o°·

許多肉品保存技術可以做出質地更濃稠，甚至味道更強烈的糊狀魚醬。越南發酵魚醬mắm chua有數種不同類別，當中含有**香腸乳桿菌**（其一菌株已獲治療消化問題之專利）、**人葡萄球菌**（*Staphylococcus hominis*，常見於動物皮膚，也會在人體產生一些體味）等菌種[4]。柬埔寨

---

**3** 譯註：目前越南人口已超過此數字。

**4** 我們的汗本身是無味的，多虧身上的微生物發酵讓汗產生臭味。

有種臭魚（prahok），做法是將清乾淨的魚壓碎（傳統上用腳），加鹽發酵醃製數週至……數年的時間。

味道特別重的糊狀魚醬是日本的塩辛（しおから），是採用各種小型海鮮及其內臟，以鹽和米發酵而成。東京某個研究小組在報告中指出：「塩辛的特殊氣味主要來自微生物的作用」。此研究團隊發現黏糊糊的塩辛主要是靠**葡萄球菌**締造出酸味。每種塩辛各用一種不同的海鮮做爲主要食材（魷魚、墨魚或海膽）。即使是以枯燥技術性論述著稱的科學論文，也會在標題中流洩出「**獨特**」、「**強烈**」、「**有勁道**」等詞語。塩辛的魅力令人難捨，一些日本人甚至是用威士忌來配塩辛，而不是用塩辛來配威士忌。

## 以浸漬法醃製的肉品

除了乾燥和液化以外，還有許多方式可以發酵肉品，製作出來的成品也許可視爲肉品中的醃菜。

當然，長時間放置的肉品有可能變成令人驚懼的**肉毒桿菌**的大餐；肉毒桿菌會產生強效神經毒素，造成肉毒桿菌中毒（botulism）。事實上，這種疾病過去很長一段時間被稱爲「香腸中毒」，且得名自拉丁文*botulus*[5]（香腸）一字。肉毒桿菌本身是在十九世紀末首次分離出來，起因是比利時一個村莊因食用煙燻火腿而爆發中毒事件[6]。雖然肉毒桿菌原本棲生在土壤，但其可輕易傳播到葷素食品，在上面繁殖，甚至可以耐受無氧環境。然而，肉毒桿菌遇到高酸環境可能就一命嗚呼，也造就發酵品的安全性。

爲了避免釀成憾事，人們將肉加進鹽水培養基，與蔬菜如德國酸菜或韓式泡菜等一起醃漬。除了鹽水發酵之外，另一種方式是將肉放進酸奶中發酵，冰島人傳統上會使用此種方法來確保有足夠的營養可過冬。冰島冬日的珍饈之一是醃公羊睪丸（súrir hrútspungar）。要是覺得這菜名很難消化，不妨來看一下具體描述：塞在羊胃裡放入乳清中發酵的公羊睪丸。一位冰島人表示：「醃好時就變得像果凍一樣。這些睪丸眞的又軟又酸！」或許一些簡單的鯨脂酸奶（súr hvalur，將鯨脂保存在酸奶中）聽起來比較開胃吧！

在日本有米糠醃魚，如同其他可快速醃製的菜一樣，放在米糠罐內醃漬。但也有一種略爲大膽的料理叫馴鮓（なれずし），一般認爲是現代（未醃漬）壽司的原始面貌。馴鮓據說發源

5 指其起源，而非形狀（譯註：此種毒素最早是在一批壞掉的香腸中發現）。

6 偏偏是供喪禮後的晚餐食用。

於東南亞，一千兩百多年前陸續傳至中國及日本，是保存漁獲的方式之一。醃製方式是將魚清乾淨、添加鹽巴，再放進裝有發酵米飯的容器內。據傳人們最後也開始吃裡面的米飯，算是壽司的料理隨之誕生。到了十七世紀的江戶時代，鮮魚壽司變得更爲風行。但隨著此風崛起，食客開始錯失可靠又多樣化的微生物來源。舉例來說，一項對於六種不同馴鮓食品的基因研究發現了七百多種不同的菌株，大多是**乳桿菌屬**或**片球菌屬**。另一項研究發現整體數量最多的是**清酒乳桿菌**（可能有助身體避免感染）。

味道更嗆鼻的日本醃魚是臭魚乾（くさや），通常是用東京以南島嶼的藍圓鰺（mackerel scad）醃製。臭魚乾的醃法是在低鹽又充滿微生物的鹽水中醃製一天再取出曬乾。醃製臭魚乾的鹽水有時又稱滷汁，通常保存數年（甚至代代相傳），逐漸形成培養得宜的微生物群。此種「臭魚」味據說多吃幾次就會愛上了。

土耳其和希臘也有類似的料理，是用鰹魚醃製（可別和日本用鰹魚煙燻發酵而成的柴魚片搞混了）。做法是將鰹魚清乾淨後浸泡於鹽水一至數天，之後添加鹽巴，置於容器中數週，便可製成鹽醃鰹魚（lakerda）。鹽醃鰹魚可立即食用，或浸泡於橄欖油中儲存，供日後食用。而食用時通常佐洋蔥片做爲開胃菜生吃，爲這道滿溢微生物的小菜添加一點益菌生。

## 蘇丹的食物就是發酵的食物

許多非洲國家如蘇丹等，擁有非常深遠的動物食品發酵史。哈米德・狄拉爾（Hamid Dirar）著有《蘇丹本土發酵食品》（*The Indigenous Fermented Food of the Sudan*）一書，同時也是蘇丹喀土木大學（University of Khartoum）的研究學者。他耗費好幾年時間蒐集及研究該國的發酵食品，蒐集的資料大多來自訪談當地女性，也就是主要的發酵食品製作者，她們從母親和祖母輩學習到發酵的手藝。他在呈交給美國國家科學研究委員會（The U.S. National Research Council）的一篇報告中寫道：「任何能吃或不太能吃的東西，蘇丹人似乎都交給微生物來發酵，甚至很肯定地說：蘇丹的食物就是發酵的食物。」他並沒有誇大其詞。他一一列舉出蘇丹的各種發酵食品：「骨頭、毛皮、蹄子、膽囊、脂肪、腸子、毛蟲、蝗蟲、青蛙、牛尿」[7]。

有種香腸是塞入肥肉後吊起來風乾，當地人稱之爲「皮」。還有曬乾搥製的肉丸，由緩慢發酵的動物內臟製成，稱爲twini-digla。Beirta則採偏向浸泡的手法，通常選用公山羊肉來製作，如狄拉爾描述道：「各種小片的肉塊、肺、腎、肝、心臟等，與奶和鹽混合，放進一個陶

7 遺憾的是，他對於後面幾項食品並沒有多加細述。

罐，想必是爲了經歷某種醃製過程。」

動物較堅韌的部位則是交由微生物作用，轉變成容易入口的質地。動物的皮和蹄子會埋在泥或濕灰中發酵。狄拉爾寫道：「新鮮的骨頭可能用幾種方法來發酵。附著一點肉和肌腱的大骨頭，可能就直接丟在茅草屋頂慢慢發酵幾週甚至幾個月，最後成品稱爲adum。球窩關節的篩網球狀骨突可能會打碎，發酵成稱爲dodery的糊狀物。脊椎骨可能剁成小塊曬乾，以石頭搥打再混合一點水和鹽巴，捏成球狀靜置發酵。」最後的成品稱爲kaidu-digla，意思很直白，就是「骨丸」。

然而，狄拉爾指出，整鍋發酵蹄子燉湯並不是直接咕嚕喝下，這些發酵食品大多是做爲營養豐富的調味品，添加在高粱或小米粥中，自然成爲富含纖維又可餵養微生物的一餐。

## 臭名遠播的醃魚

**要保存動物的肉，最常見的策略不是泡鹽水、釀成醬汁、製成糊狀、搥打，而是埋起來。**有些是整隻埋進去，例如韓國臭名遠播的鰩魚發酵食品「洪魚膾」。**有些則是在其他動物「體內」發酵，例如傳奇的醃海雀是將海雀塞進海豹腹腔內。**

在我們投向這些珍饈美味前，先來認識簡單一點的醃製品，例如挪威中部的臭魚rakfisk

（「濕魚」[8]）。

這種臭魚醃製方式在歷史上的記載最早可追溯至一三四八年，可能遠在此之前便開始醃製。數百年前在挪威中部，鹽很難取得，因此淡水魚僅灑了一點鹽巴就密封於木桶，在地下保存三個月至一年。魚浸漬在其汁液形成的鹽水中，便自動開始發酵，乳酸桿菌（尤其是可強化免疫系統的**清酒乳桿菌**）是最普遍的菌種。

Rakfisk通常在秋末及隆冬時食用，因爲屆時夏季捕捉的魚已發酵完成可供享用。那麼吃起來味道如何？一個北歐研究團隊形容「有種獨特的滋味和氣味，肉質是稍微可以延展開來的」，而且「滋味、氣味、肉質延展性會隨著熟成時間增加」[9]。Rakfisk通常會搭配麵包、洋蔥或韭蔥以及酸奶油食用。

較爲人熟悉的瑞典醃製鮭魚gravlax（「埋入土裡醃漬的鮭魚」）昔日製作方式和rakfisk相同，但現在通常只是在醃料中醃製數日，而且不易在室溫下保存，即使在Ikea也是如此。

8 譯註：以鱒魚醃製。

9 學術文章普遍用「獨特」一詞來委婉描述這些味道更強烈的發酵品，程度已經接近病態。而且味道究竟是往何種方向增加也有點不太清楚。我會斗膽猜測是往「獨特」的方向。

某些標榜可在室溫穩定保存的食品，實際上保鮮期可能略短一點。如我們所熟知，食品雜貨店或儲藏櫃中膨脹的罐頭，最好不要食用（怕已遭到肉毒桿菌污染）。但下面要介紹的食品，如果罐頭膨脹起來，則是代表裡面的東西安全可食，對某些人來說更代表著美味。

瑞典超臭的鯡魚罐頭（surströmming）即使在鯡魚裝罐後仍持續發酵，雖然原文的意思是「酸鯡魚」，要是你有機會親身見識，恐怕會覺得在料理世界中，這個詞有點輕描淡寫。

鯡魚罐頭的製作有著嚴密的季節性節奏。波羅的海的鯡魚通常剛好在產卵前被捕捉，時間是五月至七月初。捕獲的鯡魚先浸泡在鹽水一、兩天再取出清理，之後置於木桶，浸於較淡的鹽水中密封數週，在北歐涼爽的夏日發酵。經過七月初與八月之間的發酵培養，八月中再將鯡魚和鹽水裝入罐頭，販售給經銷商（傳統上到八月第三個星期四才會開始賣給消費者）。經過約六個月後，在罐頭內發酵的微生物已產生足夠的二氧化碳，使罐頭邊緣被撐起膨脹，形成特有的圓形。在十九世紀罐頭製造技術問世前，鯡魚是貯放於大木桶中，再分裝於較小的桶子供居家食用。醃鯡魚於十七世紀開始做爲瑞典軍糧發放，可說是在SPAM豬肉火腿罐頭[10]出現前的SPAM。

在發酵過程究竟發生了什麼事？起初是乳酸桿菌獨占優勢。一個北歐研究團隊指出：「會生出這些細菌最有可能是木桶導致的。用消毒過的容器就不會生成醃鯡魚特有的味道了。」

（主事者認爲是不良的成品）。但乳酸桿菌不是唯一在作用的菌種，促發罐頭內發酵過程的基本菌種之一是**鹽厭氧菌屬**（*Halanaerobium*）。這些研究人員委婉報告：「這些細菌產出二氧化碳及一些化合物，造就了鯡魚獨特的氣味。」那麼，他們會如何用科學用語來形容醃製鯡魚完整的發酵風味呢？「有刺鼻感（含丙酸）、聞起來像臭掉的蛋（含硫化氫）、有腐臭油脂味（含丁酸），有醋的酸味（含醋酸）。」

儘管關於發酵過程有此新科學研究結果，但在超市的膨脹罐頭仍讓人有些遲疑。爲了讓消費者（及他們自己）安心，瑞典食品局（Swedish Food Agency）進行測試，想確認各種食源性毒素是否能安然存活在鯡魚罐頭非比尋常的環境裡。因此，測試人員添加了已知可造成食物中毒的微生物至實驗用的幾批發酵鯡魚中。在根據標準程序發酵鯡魚後，所添加的有害菌株無一增生。有益的發酵微生物驅逐了有害微生物，再次展現這些古老食品隱藏的先人智慧。

但光是知道測試結果，未必就能放心將鯡魚送入口。許多鯡魚愛好者爲其抗辯，解釋吃起來沒有聞起來那麼嗆。但鯡魚味道之重，罐頭通常必須在室外打開，即使在以鯡魚罐頭爲主題的聚會也不例外。實際上，某些航空公司禁止攜帶鯡魚罐頭，認爲已加壓的罐頭可能有爆炸的

10 譯註：俗稱午餐肉，曾是一次大戰間多國的軍糧。

危險。不只是實體的爆發力量，機艙飄散異味也可能引發緊急狀況。

除了會膨脹的發酵魚罐頭以外，世上還有一些更具挑戰性，含有更奇妙微生物作用的發酵肉品，例如鹼性發酵的毒鯊。

發酵鯊魚肉（hákarl）是冰島以惡臭著稱的食品，以格陵蘭鯊（Greenland shark）製作，如果未妥善處理，可能會吃到鯊肉的毒素[11]。冰島人製作這種食品有七百年左右的歷史，而且演進過程並未用到鹽。你可能認為這對於四周環繞海水的國家來說有點奇怪，但數百年來在寒冷的氣候下，要製鹽而不耗費大量珍貴的柴火是一大難事。所以發酵鯊魚肉巧妙結合發酵與風乾兩種保存肉品的方式，對有害的微生物形成雙重屏障。

發酵鯊魚肉的傳統製作方式是先清理鯊魚，將肉切成大塊，置於靠海的砂石坑。接著以砂石、海草、岩石覆蓋，其重量有助於壓擠出水分（較現代的方式是將鯊魚肉放置在室外的大容器內發酵）。鯊魚肉發酵時間是一個半月到三個月。妥善發酵後，將魚肉挖出切塊，再吊起來風乾數週至數月的時間。

鯊魚肉的發酵過程會有巧妙的變化，與其他酸性發酵肉品大有不同。在鯊魚發酵過程中，細菌會分解魚肉含有的大量尿素，產生數量可觀的阿摩尼亞。如果你認爲有些乳酸菌發酵品味道很重，比如氣味很強烈的韓式泡菜或泰式香腸，那麼面對鹼性發酵的鯊魚肉請有心理準備，委婉地說，你可能要花點時間適應。鯊魚肉成品的酸鹼值約介於略酸性的六到高鹼性的九之間。發酵鯊魚肉通常會切成小塊食用，佐一杯當地的烈酒（不言自明的是，就如同日本的糊狀魚醬塩辛，純酒是用來佐魚肉，而不是魚肉用來佐酒）。

對於伴隨我們成長的食物，大多數的人會對至少一種獨特的食物具有親切感，但發酵鯊魚肉這類料理則會讓許多講究殺菌的人一再問到發臭的問題：這種氣味如此濃烈的食品，起初如何在當地文化取得一席之地？北歐研究團隊寫道：「基於有力的理由，我們相信在以前的時代，一般人的感官對於氣味及味道的接受度和現今有很大差異。」在沒有冷藏與罐頭製造技術的世界，作物收成與漁獲通常保存期限短暫，在不同鮮度下持續食用。因此他們指出：「日常食物出現餿味和腐味是很正常的事。」當然，以發酵鯊魚肉來說，「要發酵鯊魚必須將可能有害的食材（新鮮鯊肉）轉變成營養食品，而且最後可食用的成品必須能長時間儲存（長達數

11 這些鯊魚的身體含有大量尿素，以及氧化三甲胺（TMAO），是可能對人體有毒的有害化合物。這些鯊魚也可能有點野味，因為其是地球上壽命最長的脊椎動物，有一隻標本活了近四百年，加減一兩個世紀，差不多就在罐頭製造技術發明前兩百年誕生。

年）而不敗壞」。所以現今「**我們**」似乎真的被寵壞了。

海鮮鹼性發酵食物不只出現於北歐，韓國也有散發強烈阿摩尼亞氣味的洪魚膾。要製作這道珍饈，必須將整隻鰩魚放進甕裡，用稻草層層覆蓋，靜置發酵。不抹鹽、不泡鹽水、不心慈手軟。食用時切片，直接生吃，有時會佐泡菜或發酵米酒馬格利酒食用。

令人驚訝的是，此種製作方式也出現在其他地方。北歐科學家寫道：「冰島也有以類似方式發酵鰩魚的傳統，做法是將鰩魚堆疊起來，醃製或發酵數日到數週的時間。」此發酵品含有許多食品沒有的特殊微生物群，包括**別弧菌屬**（*Aliivibrio*）、**海洋球菌屬**（*Oceanisphaera*）、**發光桿菌屬**（*Photobacterium*，部分菌種會發出生物螢光）等——如果你「**真的**」想讓你的腸道基因環境別開生面，不妨一試。

最後，肉品發酵巡禮中最令人激賞的大作之一，或許就是我們的最愛——醃海雀（kiviak或kiviaq），將一堆海雀塞進海豹體內發酵的臭名之作。謠傳此種珍饈最後擊倒了以堅忍不拔著稱的丹麥籍北極探險家，超級硬漢克努茲．拉斯姆森（Knud Rasmussen）。

格陵蘭的原住民因紐特族（Inuit）會在春天開始準備這道冬日的菜肴。在春季，小海雀（auk，黑白相間的小海鳥）數量眾多。這些海雀八百多年來一直是重要的食物來源，尤其是在格陵蘭西北部。證據顯示人們長期以來，會用網子一次捕獲大量海雀。但這麼多隻鳥應該如何處理？讓牠們可以保存，度過漫長的格陵蘭冬日？那還用說，當然是醃了牠們！身邊沒有發酵用的容器？抓隻海豹就好了。

要醃製這道匠心獨運的食品，必須捕捉數以百計的小海雀，整隻塞進海豹被挖空的腹腔內。海豹有一層脂肪可以包覆海雀，同時空氣會被盡量擠壓出去，形成基本上是無氧的環境，就像一般的醃缸一樣。之後當地人會將塞滿海雀的海豹埋起來約數月至一年半。醃製完成的海雀肉從頭到腳都可以吃（除了羽毛之外）。醃海雀在特殊場合才會食用，而且通常在室外享用（也許和鯡魚罐頭是類似的道理）。萬一你短期內沒辦法到格陵蘭親自一嚐味道，請聽這個例子參考一下：醃海雀的味道被比喻爲「混合了醋，以及想像得到味道最重的藍乳酪。」

不過，讓丹麥採險家拉斯姆森中招的，並不是醃海雀的臭味或滋味。他從小到大在格陵蘭的探險經驗很豐富，當然對醃海雀不陌生。遺憾的是，他因肺炎而去世，謠傳是因爲吃醃海雀導致食物中毒，身體衰弱才染上肺炎。但如果醃製得當，食用醃海雀是安全無虞的。可惜，目前並沒有多少微生物研究可以闡明海豹皮內隱藏的世界。

## 原始人並非無肉不歡

儘管這些發酵肉品內潛藏著許多可能有益的微生物，但在我們「**體內**」發酵的肉品，對於腸道微生物相有著不同的影響。如果檢視許多傳統飲食的實際肉品比例，可以發現肉比較像是偶爾一吃的食物，基本飲食還是以素食為主。所以值得玩味，或許從中可推知的是，肉品對我們自己腸道的微生物體有極為不同的影響，繼而對我們的身體有大為不同的影響。

在前言提及的哈佛大學進行的飲食微生物體研究中，十個受試者先採全葷飲食，再改為高纖全素飲食（或反向進行）。經過五天的飲食改變，微生物變動最大的來自葷食組。受試者的微生物數量及基因作用均有轉變，變得較能耐受膽汁，而身體分泌膽汁是用來幫助分解肉類。令人尤其驚訝的是，葷食受試者的**沃氏嗜膽菌**（*Bilophila wadsworthia*）有所增加，在幾天內就迅速增生。（自願為此研究吃下全葷食品的終生純素者甚至也出現此種現象。）沃氏嗜膽菌先前被證實與高脂飲食及炎症性腸病相關。其他研究則顯示，高脂飲食可能減少雙歧桿菌數量，而雙歧桿菌是有益短鏈脂肪酸的重要來源，短鏈脂肪酸有助於保護腸壁完整，是抑制發炎的重要步驟。

當然，各種葷食大相逕庭，包含許多不同的元素，如脂肪、蛋白質等。這些飲食面向可以用不同方式改變腸道的微生物群相。

就此而言，動物脂肪有很大的作用力，但不是所有脂肪都有相同效力，魚肉和豬肉的脂肪在體內許多層面的作用十分不同。我們知道數十年來的研究顯示，魚油與多脂魚可帶來多種健康效益，研究結果也解析了腸道內的微生物如何有助於決定這些不同的效益。在一項研究中，研究人員餵食小老鼠，其飲食中的脂肪來自豬油或魚油。經過十一週後，脂肪來自豬油的小老鼠，出現代謝疾病的可預測徵狀，包括發炎程度增加。兩組小老鼠體內也發展出大爲相異的微生物群。飲食包含大量豬油的小老鼠，**嗜膽菌**（*Bilophila*，炎症性腸病患者體內有高含量）以及**蘇黎世桿菌**（*Turicibacter*，亦證實與炎症性腸病有關）數量皆增加了。攝取魚油的小老鼠則增加了**放線菌門**、**疣微菌門**（*Verrucomicrobia*，一種包含*Akkermansia*屬的菌門），以及各種乳酸菌。

不過，有沒有可能是老鼠健康狀況不佳，因此影響了微生物群相，而不是微生物群相影響了老鼠的健康狀況？耐人尋味的是，研究人員餵食缺乏微生物的小老鼠相同的兩種飲食，攝取豬油的小老鼠發炎程度低於同樣攝取豬油而體內有微生物的小老鼠。這顯示身體對不同種類的脂肪反應是好是壞，微生物可能扮演了重大的角色。

最後的大轉折是，進行同一研究的研究人員，將攝取豬油或魚油的小老鼠的腸道微生物，轉移至已用抗生素消滅身上大多數微生物的小老鼠。成爲微生物新殖民地的小老鼠同樣被餵食豬油，接收魚油微生物相的組別，最後比接收豬油微生物相的來得瘦。此一發現顯示，我們的微生物不僅可以被我們的飲食塑造，也可能有助將我們引導至較健康的方向，甚至當我們偶爾攝取不太健康的飲食也可發揮效益。

° ° °

從上述也可知，我們餵養體內微生物的食物，如何影響其反哺給我們的物質。所以就如益菌生植物纖維可讓腸菌產生有益化合物，例如短鏈脂肪酸等，其他食物亦可刺激微生物製造較無益處、有時甚至是有害的物質。這是要提醒大家，微生物體所製造的物質，甚至是「好的」微生物所製造的，未必都對我們有好處。

在西方飲食中，全穀類及蔬菜相對較少，而精緻碳水化合物和動物產品相對較多，通常沒有足夠的益菌生纖維量。因此，大多數複雜的碳水化合物發酵過程，是在大腸上部（又稱近端大腸）進行。隨著食物（在這個時間點稱爲消化物）沿著大腸下部前進，這些獲得青睞的物質被消耗殆盡。因此，如一篇刊載於《腸道》期刊的文章所指出的，原本在下部的微生物必須尋找其他東西來發酵，而在西方飲食中，這些東西「主要是蛋白質或胺基酸」。

如研究人員所述，不巧的是，對我們許多人來說，「發酵胺基酸會產生多種可能有害的化合物，這些化合物有些可能在腸道疾病，例如大腸癌或炎症性腸病等，扮演了一定程度的角色。」這些胺基酸在肉品中有很高的含量。肉品是典型西方飲食的要角，但在許多傳統及可益壽延年的菜餚中並不常見。而呼應先前所述，他們表示：「膳食纖維或攝取植物性食物，似乎可抑制胺基酸發酵，彰顯出維持腸道微生物體碳水化合物發酵作用的重要性。」也就是說：要多吃蔬菜（以及豆類、全穀類）！

我們依然在持續瞭解這些人體腸道微生物製造的產物。近期科學研究已顯示，許多微生物製造的化合物有相當大的效用。史丹佛大學研究員賈斯汀．桑內堡表示：「微生物相可製造出包羅萬象的類藥性化合物。」在實驗室研發的藥物必須經過嚴格的測試，但這些微生物創造的化合物並沒有。然而，如桑內堡所說，這些化合物「會被吸收至人體血液，最終經過代謝，由腎臟排出，或送回腸道。這些物質現在就存在於我們的血液，而且在你我血液裡的成分都不同，會隨著我們的飲食而變化。」當中有些化合物可能未必對我們大有益處。

可能有害人體的化合物之一，是氧化三甲胺（trimethylamine N-oxide，縮寫爲TMAO），已證明和心臟病有關。此種物質源自紅肉（肉鹼），以及蛋與黃豆（卵磷脂）中的化合物，在素食者或全素者體中的含量遠遠較少。**在一百多年前，益生菌先驅埃黎耶・梅契尼可夫即主張，以肉食爲主的飲食恐怕會加劇有害微生物化合物的生成，他似乎一語中的。**

中國微生物學家趙立平便將這句話及這個科學知識實踐在自身飲食中。他表示：「我不是素食者，但我主要吃植物性飲食。我偶爾會攝取一些高品質的動物性食品，但份量不多。我不反對動物性食物，但關鍵在於攝取的動物性食物量，必須能夠讓身體完全消化吸收。如果把未消化的動物性食物留給腸道的微生物相，就是餵養不好的微生物，或是改變消化系統，有利可致病的微生物生長。在整個演化過程中，動物性食物不易取得。所以我不認爲從演化觀點來看，人體對動物性食物的攝取設有上限。而且動物性食品又美味，很難只是小量品嚐。在吃動物性食物時，通常會吃很多，因爲會覺得很開心。不過，遺憾的是，過多的動物性食物確實會改變腸道環境、改變微生物相，繼而造成健康問題。愈來愈多科學證據會證明這一點。所以，我們眞的需要找出飲食均衡之道，讓動物性食物只占消化系統一小部分，而不是非常非常大的一部分。」

但人類長久的狩獵歷史又怎麼說呢？我們進化成功的標記之一，似乎和充足的蛋白質來源息息相關，尤其是動物性蛋白質。原始人類晚餐用火烹烤一大隻野味，是在我們心中長存的形象。這呼應了中世紀美國人認爲每餐都應首重肉食的理念，而無肉不歡的景象，今日仍不時出現在原始人飲食法[12]及其他當代飲食。史丹佛大學研究員艾芮卡．桑內堡指出，這種想法不是很正確。她說道：「我認爲主張回復較古老的飲食無可厚非，但我覺得許多的基本要素都被捨棄了。」至少沒了堅果，也沒了根菜類，甚至沒了水果、葉菜和種子。

有極少數的族群日常飲食仍不仰賴農耕或畜牧，正如人類九十五％的歷史一樣。觀察其飲食可發現肉食並非王道，而是例外。穴居或原始人可能較偏雜食性，而不是肉食性。事實上，只有居住在北極圈的因紐特人，以及極少數其他族群，傳統上靠攝取大量動物性蛋白質維生，其微生物相可能也因此有所演進適應。

有一個族群的傳統腸道微生物相受到深入研究，就是坦尚尼亞的哈茲達族（Hadza）。哈茲達是仍完全靠狩獵採集方式維生的少數族群之一。但**艾芮卡．桑內堡指出，「狩獵採集」長久以來是個被誤用的說法**[13]**。她說明道：「他們實際上是『採集狩獵』的族群。」**雖然也打獵，但主要飲食來自所覓得的根莖類、莓果和蜂蜜。哈茲達人每天平均攝取一百至一百五十公克的纖維，將近美國人平均攝取量的十倍（是美國食品藥物管理局建議每日攝取量的三至五

12 譯註：Paleolithic diet或Paleo diet，效法舊石器時代人類的飲食。
13 也許有個自視甚高的人，將人類捧成天生的征服者。

倍）。所以，他們的微生物體也遠較一般人多元，或許就不足為奇了。艾芮卡．桑內堡說道：「仔細觀察，哈茲達人的飲食大多數是植物，肉類只是在可以取得的時候做為點綴。他們可能有許多天都吃素，只因為沒有打到任何獵物。」自人類最遠古的祖先開始，人類的微生物體便是這番模樣。（的確，所有與人類親緣關係最近的動物，也是以攝食植物為主。黑猩猩的飲食有九十五％以上是植物性的，攝取的食物來自一百多種不同的植物。）所以，正如眾多微生物體研究者所指出的，大多數仍存留的傳統飲食所造就的人類微生物體，也仍是這番模樣。

我們對人類微生物體的研究依然在極早期的階段。雖然還無法明確掌握全盤細節，但我們認識到，微生物在人類飲食與健康扮演了重大的媒介。有朝一日，我們也許有能力緊密監控這些化合物，進一步瞭解我們的健康狀態，在特定疾病出現前便掌握其風險。此種覺察可望打開一扇機會之窗，讓我們可以阻撓攔截這些導致健康衰退的先驅因子，也許只要改變一下飲食便可奏效。

而與此同時，讓我們消化截至目前所學來好好餵養我們的微生物，進而好好餵養我們自己——只要多用一點心就好了。

# Chapter 9
# 美式料理新風潮

只要發酵品的酸度增加，不論是優格、德國酸菜或康普茶，
可能致病的微生物就會一命嗚呼，
這也是食品發酵被認為比填裝至罐頭更安全的原因之一。

Bringing It Home

在美國，含活菌的發酵食品尚未躋身主流文化。儘管發酵食品經過擇選並賦予新意，轉變成美式料理，但除了殺菌優格以外，無一眞正成爲主流食品。不過發酵食品始終在移民社群和小規模健康食品運動中汩汩冒泡，悄聲在瓦罐罈子、各式鍋壺器皿中嘟囔不休。過去數十年來，這些取自其他文化、再濡染本土風貌的食品，已從料理界的暗處堂堂現身，如今在美國各地的農夫市集、高級食品店，甚至是一般超市都可以見到其蹤跡。

如今在我平常買花園水管的地方就買得到康普茶，這些曾經洋溢異國風情、有時兼具挑戰性的食物忽然蔚爲風潮，就健康與料理層面來說，都令人興奮不已。要是在十年前，要推銷辛辣的韓式泡菜或帶有酸味的康普茶，可能更爲不易，那時我們尚未注意到強大微生物體的複雜運作與力量，也沒嚐過這些微生物造就的迷人風味及口感。

但是，在這股爆發人氣和商業化熱潮之中，是否有些東西日漸流失？是傳統、底蘊，還是微生物？

爲了尋求答案，我前往加州柏克萊市拜訪一位女士，她仍以發酵過程爲重心，不追逐一時風尚所帶來的獲利。

## 康普茶的生態系統

就在柏克萊濱水區幾條街外的輕工業區，一座培育現代美國發酵品的溫床，正靜悄悄地（好吧，是嘈雜地）推動發酵業的開展，創造出數十種獨特的發酵食品，以饗當地急欲嘗鮮的饕客。

在發酵食品店Cultured Pickle Shop，共同創辦人愛麗克絲・赫茲文（Alex Hozven）及同事發揮天馬行空的想像力，採小批發酵的作業模式，使經典發酵品不論康普茶、韓式泡菜或日式漬物「粕漬」，都能展現創新的面貌。

店內明亮的小空間交雜著各種活動的聲響，有切東西聲、物體碰撞聲，還有音響播放的一九九〇年代音樂。儘管店內是開放的工作空間，對於訪客也無比歡迎，靠近入口處的玻璃門冰箱擺放當週可供選購的各種食品，方便顧客採買，因爲赫茲文不太有興趣進駐大型超市。她表示：「我對競逐市場興趣缺缺，我們想走的是在地經營路線。」赫茲文與我握手時強勁有力，舉止輕鬆自在又熱情洋溢。這家店的配銷鏈涵蓋了本身的非正式店面，以及地區性的農夫市集，大概不出這範圍。但這配銷規模一點也不小，我在五月一個週五的中午到訪時，他們已經處理了約五百磅（約二百二十七公斤）用來做德國酸菜的包心菜。

德國酸菜只是他們匠心獨運、傾注創意的眾多產品之一，在製程及投入心力上眞正不同凡響的，是他們的康普茶。

雖然康普茶製作的基本原則及流程很簡單，但赫茲文表示：「康普茶要做得好，眞的、眞的、眞的很有挑戰性。」康普茶製作出來「要有酸味」，而在當中「必須注意均衡調配」。她說道：「有很多細微之處要兼顧。」

對於看慣乾淨、閃閃發光、五彩繽紛的飲料瓶（還帶有如「番石榴女神」〔Guava Goddess〕、Cayenne Cleanse等花俏名稱）擺放在食品雜貨店一整排冷藏架的人來說，康普茶的培製過程應該會令人大感意外，從康普茶的中文俗稱「紅茶菇」可略知一二。

我們所認知的「康普茶」飲料可能源自中國，也許是在兩千多年前。隨著時間推移，康普茶在俄羅斯受到喜愛，接著在第一次世界大戰時傳至西歐。第二次世界大戰時，茶與糖短缺，康普茶頓失青睞。不過，二十世紀中末葉的健康食品風潮使康普茶重振氣勢，力攻西方市場。關於現今康普茶的英文名稱仍有一點令人混淆之處。[1]但撇開語源不說，康普茶生意可謂蒸蒸日上，光是在美國，每年就可帶進約四億美元的收益，而且每年還不斷躍升成長[2]。

康普茶的味道及微生物效用來自細菌與酵母菌的緊密共生菌體（即紅茶菌母SCOBY，細菌與酵母共生菌落）。紅茶菌母與用來製作克菲爾發酵乳的菌種大為不同。用來製作康普茶的微生物，共生於浮在菌液上的膠膜（科學家稱之爲菌膜，以此想像飲料誕生之初的模樣，可能不是很令人垂涎）。這層膠膜形似一張褐灰色的厚片，浮在菌液表面。不過，製作康普茶的首要步驟一點都不恐怖，就是先煮好甜紅茶液。之後加進少許發酵後的紅茶菌（倒入一點培養菌母的酵液），以加快發酵過程，降低酸鹼値，然後再加入紅茶菌母。發酵中的康普茶罐呈一列排開，當中漂浮著又大、形狀又奇怪的菌母，可能有點像是珍奇大展，陳列著被捕撈後懸浮在多彩甲醛液的海洋生物。

接著將甜紅茶液靜置，發酵數天至數週的時間。最終的成品略帶醋酸味、酒味和汽泡的口感。康普茶釀製完成後，菌母便可移除並接種至新一批的甜紅茶液，再從頭展開發酵過程。而每發酵一批，菌母會變得更厚更多。這些奇異的菌塊會持續成長，因此通常會分割出來給其他康普茶釀造者。紅茶菌母因爲是活菌，遇到不同的茶、環境、處理方式，便會展現不同的樣貌。因此，即使是用同一塊菌母釀製，不同批的康普茶也不會有一模一樣的成品。

1 舉例來說，別誤以為康普茶（kombucha）是另一種東亞的湯液。日本的kombucha是「昆布茶」，是用一種海帶，即昆布熬煮而成的湯頭，並未經過發酵。而我們所謂的康普茶，在日本稱為「kocha kinoko」（和中文一樣是「紅茶菇」的意思）。那麼，此種現今稱為「康普茶」的發酵飲料是如何得名的？根據一些坊間流傳的故事，有位名叫Kombu的醫生曾以類似的茶飲治療日本天皇。但其早期的歷史至今未明。

2 有些康普茶釀造商也在自家店面開設「啜飲室」（taprooms）。而原本僅限於微釀啤酒（譯註：小酒廠釀製的啤酒）的以壺續杯服務，在康普茶販售也愈來愈普遍。

要培養自己的紅茶菌母也是可以的，只要能夠取得一些發酵後的康普茶做爲酵種。店售康普茶飲料瓶底下的微小沉澱物，通常是酵母菌與細菌的菌塊。如果經過正確發酵，菌塊會聚集、成長，浮上來蓋住菌液的表面。這個習性也可讓菌體中的耐氧微生物取得空氣，同時有助於防止黴菌和有害的微生物接觸底下的菌汁。

紅茶菌母中的酵母菌與細菌爲互惠共生的關係。酵母菌將糖轉化爲葡萄糖及果糖，同時分解出酒精和二氧化碳。醋酸菌接著將葡萄糖轉化爲葡萄糖酸，果糖則轉化成更多的醋酸。菌母塊是發酵過程的副產品。紅茶菌母的基因分析顯示，絕大多數的細菌屬於將過程中的酒精轉化爲醋酸的菌屬。當中也包含了許多**乳桿菌**及**醋酸菌**的菌種，其中顯然最優勢的酵母菌是**接合酵母屬**（*Zygosaccharomyces*，包含*Z. kombuchaensis*的菌屬）。根據培養菌進行的測試，也辨識出一大群也出現於啤酒釀製過程的微生物，包括**布魯氏菌**（*Brettanomyces bruxellensis*，一九〇〇年代初於嘉士伯啤酒廠首次分離出來，被視爲敗壞酒液的微生物，但經常用來幫助釀製蘭比克風味啤酒）及**粟酒裂殖酵母**（*Schizosaccharomyces pombe*，十九世紀末在非洲釀造的小米啤酒中發現）。

也許是因爲發酵工作坊滿溢著各種酸菜、泡菜，以及其他製作中的蔬菜發酵品的乳桿菌種，Cultured Pickle Shop的康普茶有種微妙而滑順的口感，是我未曾在店售康普茶嚐過的滋味，即使在散裝的康普茶也非常罕見。想當然耳，他們的康普茶包含了大量的醋酸微生物。但「許多人傾向將康普茶視爲醋酸發酵物，因爲醋酸菌是當中最飢渴的微生物」，赫茲文說道。而且一味讓醋酸菌大行其道，往往會讓茶液變得更酸。赫茲文指出：「醋酸眞的很澀口，酸鹼値比乳酸還要低。爲了蓋住酸味，一般人會添加很甜膩的果汁，想著康普茶有益健康就硬喝下去，這眞的很掃興。如果仔細觀察，康普茶是有機體，經過很複雜的演化，所以可以誘導它們釋出絕妙的風味。但它們很難對付，眞的很難搞定。」她舉例說明，康普茶的質地可能從原本很細緻，一下子就劣化爲過度發酵狀態。「康普茶說變就變，它要是想被裝瓶，就是完全心甘情願，好比那天一樣，那就是你要擊中的甜蜜點。」

赫茲文表示，自然發酵的康普茶也可提供消費者不同的體驗。「現代飲料產業令人討厭的一點是，我們往往習於慣常的碳酸飲料飲用方式，就像從二氧化碳瓶飲用一樣，而不習慣喝酵母呼吸作用所產生的天然二氧化碳。而且天然的味道非常不同。」赫茲文的康普茶經過自然發酵，與釀造香檳的過程相仿。以她的康普茶來說，是在開放式的環境下發酵，因此所產生的二氧化碳大多會逸散在空氣中。但成品一旦置於瓶內密封起來，所有產生的二氧化碳便會留在瓶裡。而爲了讓成品有細緻的氣泡感，在飲料裝瓶時，赫茲文和她的團隊會重新喚醒酵母菌。

Cultured Pickle Shop的康普茶也有別於許多大廠牌典型的水果口味，而以芹菜、甜菜、茴香爲三大招牌口味。此外，這家店一年到頭會視季節而定，持續推出新配方和口味。我到訪的時候，陳列架上擺放著許多大玻璃罐，兀自閃耀著不同色調形成的虹彩。這些玻璃罐中的茶液已持續發酵約一週半，有羅勒、薑黃、百里香、香菜等口味。赫茲文說明道：「因爲培養菌再生能力很強，所以我們會經常取小塊出來，接種在不同的草本植物上。」即使在這四十個大玻璃罐中的紅茶菌母來自同一菌母，還是會形成各自的生態系統。以此爲起點，她指出：「每罐都可以分裝成約四十瓶。本來一大罐只有一個生態系統，分裝到瓶子，就增加爲一千六百個康普茶生態系統，因爲每個瓶子內的茶液也會以多種不同方式發酵。要追蹤照管的數量很可觀。」

爲了品嚐這些被細心照管生態系統的成果，我們選取「萊姆－芹菜－羅勒」配方的康普茶成品來試飲一番。赫茲文將幾盎司茶液倒入款式不一的玻璃杯中，我用的是香檳杯，可說是非常合適，因爲她用「**香檳感**」等字眼來形容這款康普茶。要試飲的康普茶是用新鮮羅勒茶液發酵二至三週釀成。之後加入萊姆汁、芹菜汁，「由於兩種汁液都不含大量的糖份，所以加入一小杯蜂蜜」來餵養酵母菌，赫茲文解釋道。接著將混合後的茶液裝瓶，再靜置一週，讓茶液進一步碳酸化。茶味清淡溫和，不會太酸或汽泡口感太重，也不會過於刺激或甜膩，有種獨特的明快風味，味道眞的很棒。

有些人見到釀造康普茶時那黏答答漂浮在茶液中的菇狀菌母，可能還是有所畏懼，但赫茲文完全爲之著迷。她輕聲說道：「牠們實在是美到不行」，一邊凝視著她架上絢爛迸放的生態系統。

赫茲文一開始接觸的發酵品不是康普茶，而是味噌。她二十歲出頭經過一番遊歷後，發現自己深受微生物飲食吸引。所謂微生物飲食，是日本人所創的飲食法，強調以簡單的植物性食品，搭配發酵品如味噌、日式醃漬蔬菜等。她很快接觸到GEM Cultures（美國培養菌先驅行銷商之一），由此邁進充滿美味發酵食品的新世界，從此之後便不斷多方實驗。她表示：「新的靈感總是源源不絕。我下廚時常醃東西，就是那些我覺得醃起來應該很不錯的東西。」她二十年前首次嘗試理出醃製流程時，主要是透過反覆試驗。即使時至今日，她表示：「我還是經常心生困惑，但這也沒關係。」她說關鍵之一在於「克服對噁心感的恐懼。要對自己有點信心。」當然，也要對微生物有信心。

料理界對功成名就者總是不吝追捧，爲其封上乳酪製作大師、釀酒大師等名號，但赫茲文對於她的微生物夥伴則保持謙卑的態度。儘管她在發酵界事業有成且享有盛名，她並不喜歡**「發酵大師」**這個稱呼，因爲「沒有人可以眞正成爲發酵大師。我認識的佼佼者經常覺得自己一事無成，那是因爲他們相當用心，也不斷在學習。」

赫茲文公司的名稱Cultured Pickle Shop，彰顯出「pickle」（醃）這個字傳統上的廣泛意涵。她指出：「我們提到『**醃**』這個字，一般主要指乳酸發酵醃製過程。」乳酸發酵可以用於任何蔬果。Cultured Pickle Shop的宗旨不是重現相傳已久的特定傳統食品，而是如她所說：「締造豐富多元的一系列食品或色彩與風味，希望每個人都能從中找到心之所愛。」

在加工區，大型的食品級塑膠桶裝滿了正在「發汗苦撐」的鹽醃切片包心菜，準備塡裝發酵。赫茲文表示：「我們的工作很棒的一點是，大多數的產品不需用到水，完全靠蔬菜中的水分生出鹽水。如此一來，可以醃製出更好、更濃厚的味道。要投入的心力也比較多，但有些東西這樣醃出來的效果就不好」，例如整根醃黃瓜就需要另外加水，「但大多數的食材都可以無水醃製。」

爲了一探店內生氣蓬勃的發酵園地，我們進入一個可容人進出的大冷藏室，溫度維持在攝氏十八度上下。陳列架堆滿了桶罐，地板則擠滿了形似啤酒桶的大金屬桶，室內散發著樸實自然又令人驚奇的味道。一場微生物的魔法正在我們四周發酵。赫茲文打開一個罐子，我們試吃了醃花椰菜，醃製的佐料有薑黃、薑、青蔥、芥末籽等。經過四週的醃製，味道尚淡，但很有特殊風味，而且咬起來很爽脆。最後蓋上蓋子，讓微生物繼續在裡面工作。這是醃製過程中的爽缺，就是不斷試吃。

赫茲文團隊所釀造的成品並不全然是實驗性質，一些常備品有基本準則可循。以酸菜來說，必須放置在大桶內六至八週，這期間相繼而來的微生物會將酸鹼值降到很低的3s（介於柳橙與檸檬汁之間的酸度）。但醃菜不是只要切完丟進桶子這麼簡單，就如赫茲文所解釋，一般人往往會認爲：「『噢，反正放在那裡就不用管了。』沒錯，『**真的**』是那樣就好了。」赫茲文打趣回道。「每樣東西都需要經常照管，這是理所當然的事。」他們會依固定時程檢查每批酸菜，發酵速度如有減緩，必要時會把酸菜放在涼爽的地方包裝起來。」

這些充滿活力的食品在市場受到愈來愈大的渴求，但如何向消費者說明這些食品也造成一大挑戰，赫茲文這樣說道。**一般人總是一再問她，「這東西能放多久？」**這答案就如同發酵界的許多答案一樣，相當複雜。赫茲文及她的公司通常會在酸菜（公司目前唯一躉售的食品，也就是公司不用和購買者有直接互動）上標示「最佳賞味」日期。她表示：「我們會說五個月，但這其實有點武斷。」已經打開的醃罐會接觸到氧氣，最終造成酸菜品質降低，變得又乾又軟，上面還可能開始長一些無害的野生酵母菌。但這是否表示酸菜已經敗壞了？未必如此。

赫茲文說道：「從這點可以發現我們一向是怎麼看待食物的，例如『還是好的』、『已經壞掉了』。」她解釋：「經過高溫殺菌再標示有效日期，可算是正確期限，畢竟裡面要是長出什麼東西就大事不妙，食物就會敗壞。但以我們在這裡進行的製程來說，就不宜從這個觀點來看待。我有時會告訴顧客，『你們現在買的比較像是在製品，而不是成品』，『**將會**』隨著時間變動。有些東西會隨著時間醞釀出更美的風貌，有些東西雖然算不上出了問題，但可能和你想望的逆向而行。你必須用這種方式思考，這也是開始思量食物意義的不錯面向，但顯然有點難度，因為每天都有人問我同樣的問題上百萬次。」

同樣地，不管含有多少纖維和微生物，將她公司的食品一概視為萬靈丹，這種想法也會惹毛赫茲文。她表示：「食物一般來說都是富含營養的。我認為我們所製作的食品歸屬在一整個獨立的食物類別。沒錯，這些食品絕對是可以餵飽你、滋養你的一部分飲食。但我不喜歡一定要用『哪一樣對我最好？』、『哪一樣可以挽救我的健康？』、『我必須攝取多少？』等問題來思考。我們認為這種心態依然存在於一般的醫療觀念裡。」相反地，她建議：「你必須廣泛攝取各式各樣的食物和發酵食品。或許不用太過擔心到底有哪樣東西對你有療效，如此看待食物及你的飲食，只是以偏概全罷了。」

## 用古法製作美式泡菜

許多自產自銷公司也開始以全球各地的傳統發酵食品爲本，開發別出心裁的產品。位於美國科羅拉多州的Ozuké[3]公司，總是不斷實驗新的食材組合，模糊韓式泡菜、德國酸菜，以及質樸的希臘醃烤什錦蔬菜之間的界線。

「能夠製作有如此長久國際文化傳統的食品眞的很棒」，共同所有權人及創辦人薇洛．金恩（Willow King）在我參訪波德（Boulder）市區外的廠房時如此說道。「一想到這些食品經過多少人以千變萬化的方式製作，以及長久以來能在這麼多不同地方廣受歡迎，對於食物的思考層面就更開闊了。」她表示，食品廣受喜愛，不僅是人類的卓絕才思，也是多方巧妙合作的結晶。「這些食品能成就今日的卓然面貌，有賴人類與細菌世界的互動，所以給了你信心進行實驗，因爲食品的製作本身就是一長串實驗的過程。」

儘管現代生活有冷藏、殺菌技術和全球化的供應鏈，而且Ozuké產品本身銷往美國各地，

3 譯註：音似日文「お漬け」，醃漬物的意思。

但其主要的產製作業，依然秉持著「晴天要存雨時糧」的信條，這也是數千年來人們發酵醃漬食品背後的動力。

Ozuké公司每年向波德市及周邊地區的農家購買約十八萬磅的蔬菜，這些食材大多在季末進貨。在季末之際，農家已出清所有可賣的產品，但田裡仍布滿過剩或賣相不佳的作物。儘管如此，此種採購策略可以創造意料之外的收益。有一年公司向一戶農家收購額外一萬磅的剩餘作物，大多是包心菜，這些作物即使不賣出也會遭到丟棄。雙方談定交易時，這提案聽起來很划算，最後也證明是一項穩健的投資。但金恩表示：「當一顆顆菜不斷滾進來時，我們倒是覺得有點難爲情。」

那麼，包心菜到底有何獨特之處，能啓發全世界多不勝數的發酵傳統？共同創辦人瑪拉·金恩（Mara King，與薇洛·金恩無親戚關係）指出：「包心菜是很神奇的東西。」例如，外層菜葉即使變軟，還是可以剝掉露出新鮮的內層菜葉。像是自帶一層封套，讓內葉能夠保持新鮮爽脆達數週甚至數個月。舉例來說，接收大豐收的包心菜後，Ozuké團隊會將數以千計的一顆顆包心菜放在冷藏箱，從十一月一直儲藏到一月份，等到有時間可以處理這些包心菜爲止。而在這兩、三個月期間，每顆包心菜會流失僅十五%的重量（包括丟棄的菜葉和流失的水分）。薇洛·金恩說道：「包心菜很耐放。」瑪拉·金恩也補充道：「我以爲還得切掉更多不要的部分」。兩位是事業夥伴也是老朋友，很快就能接上對方的思緒。該公司不是因爲經過市場分析或產業評估才成立，而是源自她們與自己的小孩組成的非正式團體。這兩位媽媽會帶著她們的小朋友一起聚會，嘗試製作不同的料理，發酵食品很快變成她們的最愛。薇洛．金恩說道：「發酵食品很有趣，因爲相對容易製作，而且很刺激，因爲可以目睹怪異又活跳跳的食品科學。我們兩家人都很熱衷此道，很著迷。這些食品眞的很好吃，讓我們心情大好……然後我們就開始想要改良一番。」

多虧她們有能力積存這批包心菜，並且善加利用（即使過程中丟失了一小部分），因此得以避免農家選擇全數丟棄重達數千磅的包心菜。大量作物遭到丟棄，是當前美國糧食體系常見的議題。在當前體系下，只有約五十％的作物眞正爲人食用，剩餘部分也有很大的比例遭到丟棄。薇洛．金恩表示：「我認爲對一般大眾來說，訴諸發酵的方式大有好處，又可以保存食物。發酵不需像罐頭裝塡那樣耗費人力，也較不會令人心煩不安，因爲比較不會出差錯。而且發酵是力行『食物賦權』（food empowerment）[4]的絕佳方式，不管是想自己種菜，或只想在季末買些便宜的蔬果再自己加工製作都是如此。」

---

4 譯註：根據Food Empowerment Project網站，Food Empowerment的宗旨是透過認可個人的食物選擇權，創造更公正及永續發展的世界。

泡菜是Ozuké最暢銷的醃菜。製作過程通常視氣候多溫暖及發酵食材而定，將選取的蔬菜發酵一或兩週。這個過程大致不太需要照管。薇洛・金恩表示：「如果所有條件俱足，發酵就可以順利進行。」

但微生物的熱情可能很澎湃——有時候有點太澎湃了。所以培養微生物的人必須注意，醃菜在裝罐出貨前，要有夠長的發酵時間。尤其是發酵甜菜要特別小心。薇洛・金恩和瑪拉・金恩及其早期顧客從沉痛教訓中學到，甜菜發酵時間必須比包心菜長得多（需要四至六週——然後在冷藏箱再緩慢二次發酵四至五週）。薇洛・金恩指出：「甜菜的糖份太多，要是沒發酵……」瑪拉・金恩接著說：「如果發酵不足，就會製造出醃罐炸彈。」這是因爲如果包裝前發酵速度未放緩，薇洛・金恩解釋道：「甜菜就會繼續在罐子裡發酵」，罐內的微生物會產出愈來愈多的二氧化碳，在密封的容器內形成壓力。「早期一定，呃，現在偶爾還是會聽到有顧客說『感謝您，我整間客廳和身上穿的整套衣服都噴成紫色了。』眞是抱歉！『沒關係，我們不會另外收費的！』」她開玩笑說道。這也促使她們從共享的商用廚房空間轉移至自己的生產陣地。她們有時會把甜菜發酵桶裝塡得過滿，「隔天一走進來」，瑪拉・金恩說道：「簡直就像到了謀殺案現場。」

雖然瑪拉和薇洛現在已比較懂得掌控發酵品的整體動態，她們還是很想進一步瞭解盛裝在醃罐中的微生物世界。兩人已經可以大致計算自家各種產品的菌落數。例如，她們發現加入杜松子一起醃製的德國酸菜，微生物數量最少，每公克酸菜約有五十萬個菌落形成單位（colony-forming unit，縮寫CFU，用來計算有多少活躍而足以繁殖的菌數）。瑪拉・金恩表示，這並不意外，因爲杜松子已知含有抗菌化合物。而在相對的另一端，韓式泡菜的菌落最強大，每公克含有約「**八千八百萬**」個活菌。她說道：「泡菜總是發酵較快，而且**乳桿菌**數量高於我們其他的發酵品」。兩人猜測這是因爲泡菜含有特別多可以好好餵養微生物的物質。

她們也很想進一步瞭解有助於釀造自家產品的微生物，但尚未能在菌種掃描設備上投資。但另一方面，薇洛・金恩表示：「從某些角度來說，我們完全是比照以前的做法。從天地之初，人類不就開始在發酵食物了，對吧？」至少遠遠在基因定序和顯微鏡出現之前。瑪拉・金恩表示贊同。「我們是用古法在製作。」而微生物的工作也未曾改變。

## 老派的自然發酵啤酒

現今也有很多新潮流的發酵達人轉而回溯舊有的微生物發酵法，但鎖定的不是食物或補品，而是充滿老派情懷的啤酒。所謂老派，我是指眞的很老派。

在發現並分離出啤酒酵母菌之前，啤酒是被誘導出來的，不是封存在消毒過的金屬容器和有溫控的配銷通路。有一些啤酒廠正在重新探索更天然的傳統釀製法。

雖然蘭比克啤酒也許是最有名的自然發酵啤酒，但其實還有更多的種類和風味。在科羅拉多州丹佛市重建商業區的一隅，是店面改裝而成的小酒吧。側面的房間，是微生物擔綱演出的舞台。

哄誘微生物聽命行事的是詹姆斯·霍華特（James Howat）。他留著大鬍子，戴著一頂小圓帽，曾是高中科學教師。霍華特念大學時曾學習微生物學，在家嘗試自釀啤酒有多年時間。他和妻子莎拉（Sarah）原先開設釀酒廠及附屬小酒吧時，提供的是一般常見的IPA[5]及比利時農夫啤酒（saison）。很快地，他又開始進行實驗，這次不是用已知的配方或店售的菌株，而是他身邊的微生物，成品是眞正自然發酵的啤酒。

他一開始投入這些自然發酵啤酒實驗，純屬個人興趣，因爲是祕密進行，所以他和妻子稱之爲「黑計畫」。不過，這計畫並沒有隱藏太久。這些啤酒在初期限量供應時便廣受青睞與喜愛，沒多久就在只有幾哩之遙的美國大啤酒節（The Great American Beer Festival）獲得認可。所以，在開設啤酒廠兩年後，夫妻倆便把微生物養殖場賭在自然發酵啤酒上，結果大獲成功。

為了釀造自己的啤酒，霍華特必須仰賴一點歷史、一點科學，但得大力藉助所在地的環境，日本味噌釀造師及全球無數的發酵達人也是如此。霍華特的啤酒有自已的特殊風土條件，與周遭的微生物群息息相關。

他釀造啤酒的方式，一開始和其他啤酒商大致無異，就是混合穀物、啤酒花及熱水製成麥汁。但製程到這步驟就急轉彎，麥汁沒有直接進入含有特定酵母菌株的密封發酵容器，而是倒至冷卻槽（coolship）。所謂冷卻槽是開放式的大型銅製發酵槽，表面有廣大的面積讓汁液接觸空氣，隨著冷卻過程而聚集環境中的微生物。以往這些露天的接菌器具通常是放置在舊木造閣樓，讓微生物體就地進駐。

霍華特的所在地沒那麼幸運，沒有四百年歷史的閣樓（根本沒有任何閣樓），所以一開始是將啤酒放置在大樓的屋頂冷卻一整夜，上面蓋著薄薄一層網子，讓鄰近的微生物能進入汁液。[6] 如今有了三百加侖的冷卻槽，酒廠便在熟成室劃出專區安置其中。冷卻槽裡的汁液在開放的窗戶及新安裝的木製天花板下冷卻，是特別設計，讓本身的微生物群開始模擬在舊木造閣樓的狀態。

---

5 譯註：India Pale Ale的縮寫，印度淡色艾爾啤酒。

6 有很多傳說提到，在結滿蜘蛛網又有一堆鴿子的古早閣樓，有某種東西鑽進了老派的蘭比克酒。

已接種的汁液冷卻後，會被灌注至熟成室裡蒸過的木製紅酒桶（先蒸過酒桶是爲了去除大部分的紅酒微生物，讓更多接種到啤酒的微生物能進駐）。霍華特解釋道，雖然確切的微生物群落及動態總是會略有差異，但發酵過程會遵循一般可預測的流程。他坦言，前幾個小時的優勢菌群，會產生「滋味或氣味不太好的」的化合物。但他也表示：「八個月後，**酒香酵母**（*Brettanomyces*）[7]可以將這些化合物轉化爲非常獨特的物質。如果沒有先產生這些不想留在啤酒裡的成分，就無法獲得轉化後的酒液。這並非可以刻意爲之的，老實說，必須讓生態系統自行運作。」

這番話並沒有誇大。霍華特說明道：「我目前正針對培養菌學習如何輕微操控酒槽內的生態變化。」他的操控方式是，利用一些非純自然發酵的啤酒，再搭配陳釀法（solera method）[8]，有點像是與接種發酵反向操作的概念。霍華特不是將啤酒留下一點，而是只取出一點，然後加入冷卻槽裡的新麥汁。他指出，熟成中的啤酒要保留相當的數量，有助於維持酒液濃度。此做法也可以讓他在某種程度上微調酒的風味。例如，若酒液開始變得過酸，他可以製作較難分解的麥汁，有利酵母菌發酵，但不利細菌發酵，如此便可降低酸度。他的啤酒以**片球菌種**（亦見於德國酸菜）爲主，而非**乳桿菌**，可以賦予啤酒更酸的風味。

霍華特坦承他目前的處境有點好笑。「身爲微生物學家，熟知純淨發酵方式，也瞭解各種菌株，卻用這種方法來釀製啤酒，實在有點奇怪。我們眞的完全不知道裡面有什麼。」相較於先前可以完全掌控常規啤酒的狀況，霍華特覺得他的新角色有很大的反差。「我認爲釀造純淨發酵啤酒和ＩＰＡ啤酒，就像是在管理單一菌種的酵母牧場。而釀造冷卻槽的自然發酵啤酒，則比較像是在扮演雨林生態學家。釀造這些啤酒令人著迷心動之處，在於整個過程眞的很像所有這些不同的菌屬、菌種、菌株在彼此互動，而我們甚至還未眞正完全瞭解這些菌群。」

但霍華特的雨林是否有時候會變得有點「**太**」狂野？這是一定的，他說道。「有時候發酵出來的效果不是很好，這是釀造自然發酵啤酒的風險之一。」不過他也指出，他們釀出來的啤酒約九十％都是被「乾」掉，而不是被「倒」掉的。

那麼，丹佛的微生物風土釀造出來的啤酒是什麼滋味？霍華特說道：「我們的啤酒很多帶點桃子或杏桃味，這是其他啤酒沒有的。可能有某種菌株長在某種樹上或鄰近樹木的東西上，最後跑到我們的麥汁裡面。」

7 啤酒廠通常稱之為Brett，像是稱呼在酒廠幫忙的小夥伴。此菌屬被視為大多數啤酒的敗壞酵母，但常見於蘭比克啤酒及其他自然發酵啤酒。

8 譯註：原指將不同年份的酒逐步混合。

「眞正吸引我的部分是，這些啤酒無法在其他地方複製出來。我可以告訴別人釀造方式，讓他們完全照著我們的流程進行，但就地域來說成果是有差別的，不可能一模一樣，眞是有點妙。」這種差異不一定會很明顯，他說道。「但就是有東西在裡面運作，幾乎是不可捉摸的。」

不管霍華特從環境蒐集了什麼不可捉摸的東西，這些東西勤奮工作，造就了各種口味獨特又複雜的啤酒，恰巧也是與生氣勃勃的活菌生態系統交融共游的啤酒。

## 發酵風潮的使徒

寒冷十月的午後，太陽開始傾斜向下，當地美食家與發酵達人紛紛聚集在科羅拉多州波德市區外的一座小農場。幾隻火雞在附近的圍欄內昂首闊步地走著，志工忙著擺放桌子和報名表。這是Cultured Colorado的重頭戲，Cultured Colorado是科羅拉多州爲期一週的發酵美食節，由弗蘭特山（Front Range）周邊的城市共襄盛舉。社區成員到場與農產品經營業者交流，詢問關於kahm 酵母的問題，並會見**現代發酵風潮的使徒——山鐸・卡茲**。

就所謂的「使徒」而言，卡茲可說是極其謙恭親民，留著一臉招牌的絡腮鬍。當天傍晚，他身穿鈕扣領休閒襯衫，外搭繪飾葉子、繡上民族風紋飾的西裝外套。卡茲從容避開不斷壯大的粉絲群，來到樹下的折疊塑膠桌前與我一敘。

卡茲對發酵食品的喜愛，可以追溯到小時候在紐約市吃到的醃酸黃瓜（kosher dill pickle）[9]。但醃酸黃瓜並不是卡茲展開發酵大冒險的起點，一切要從他發現包心菜大豐收那天說起。

一九九〇年代卡茲被診斷出感染愛滋病毒（HIV）後，便離開紐約的事業與生活圈，搬到田納西州一個鄉鎮專心休養，期望吃更自然純淨的食物，減輕壓力，吸收新鮮的空氣。發酵食品原本不在他的新生活藍圖中。

之後，在他田納西州的菜園第一年收成期間，有天他環顧四周，發現包心菜已經可以採收了，而且是全部都可以。

要他把包心菜趁新鮮全部吃掉根本不可能，就算放到不那麼新鮮也不可能完全吃掉。所以他心想，「**也許我應該來學學怎麼做德國酸菜……**」。然後就如同所有嬰兒潮世代尋求廚藝指引時會做的事，他翻開了《烹飪之樂》這本書。

在這本堪稱二十世紀廚房良伴的經典食譜中，厄爾瑪・隆鮑爾與瑪麗安・隆鮑爾・貝克建

9 此種醃製法由東歐和猶太移民傳入。紐約的醃酸黃瓜以往分兩種發酵階段販售——早期發酵（半酸），呈亮綠色澤，帶有爽脆口感，以及晚期發酵（全酸），質地較軟，味道較強烈的熟成黃瓜。

議「將包心菜切成十六分之一吋的細絲，加入鹽巴混合，再放入石缸裡壓實。」依他們所述，「品質最佳的酸菜是在約攝氏十六度以下製作，至少經過一個月的發酵。在較高溫度下醃製可能所需時間較少，但醃出來的酸菜品質就沒那麼好了。」

所以他依書中指示醃製，完成第一批酸菜後，就再也沒回頭。他說道：「我簡直是一頭栽進醃菜世界。」他的別名——山鐸．酸菜（Sandor Kraut），也許就表露無遺。

自從釀製出改變他命運的第一批德國酸菜，卡茲便多方嘗試無數種食物，在全國各地授課，並撰文出書，包括《自然發酵》（*Wild Fermentation*）、《發酵聖經》（*The Art of Fermentation*）等。就如他在《自然發酵》一書中所述：「有時我覺得自己像是瘋狂的科學家，一次同時照管多達十幾種滋滋冒泡的不同發酵實驗。」他從所有試驗歸納出的心得是，任何蔬菜或水果，只要浸漬在鹽水中，幾乎都可以醃製，而且一定會成功。

卡茲指出，除了保存之外，發酵過程的另一項特點是，原本可能丟棄的植物部位，在發酵後就變得可以食用。在《發酵聖經》中，他大讚醃西瓜皮足以和經典的醃黃瓜分庭抗禮。同樣地，太硬的莖梗經由微生物醃製轉化後，便可產生酸甜爽脆的滋味。

簡易食譜

# 酸泡菜

山鐸．卡茲製作醃菜的方式靈活多變。他改良過的醃製包心菜是複合型的醃菜，稱爲「酸泡菜」，也就是結合了德國酸菜與韓式泡菜，衍生自他認爲是自己最基本的醃菜做法。你可以參考以下基本的德國酸菜製程，再發揮創意，添加其他食材，無論是甜菜絲、辣椒粉或醃魚都不拘。

卡茲的酸泡菜製法，與他在《發酵聖經》所寫的德國酸菜基本製程相同。

卡茲建議將泡菜當成調味的食物，吃三明治或雞蛋時，都可以放一點醃菜配著吃。

- 將蔬菜切絲。
- 加入鹽巴，搓揉至蔬菜滲出足夠的水量為止（或可跳過搓揉步驟，加點鹽水即可）。
- 將菜絲和菜水裝入瓶子，靜待發酵出喜歡的風味為止。

縱使卡茲對發酵食品如此鍾情，他並沒有捧著一大碗德國酸菜或泡菜，在早、午、晚餐大吃特吃。就像數千年來的傳統吃法一樣，卡茲表示：「我把酸菜和泡菜當成調味的食物。不管是吃三明治或雞蛋等任何東西，我都會放一點醃菜配著吃，也許還會加一點味噌，有點走混搭風。」

而對於一些味道較為強烈的發酵品，適度取用尤其重要。卡茲說道：「當然有些發酵食物氣味之重，讓我在嘗試之前不得不奮戰一番，比方說醃鯡魚罐頭」，亦即瑞典裝在膨脹罐頭內販售的醃鯡魚。「但味道很棒，我眞的很喜歡，那是一種複雜的好滋味。我不確定鯡魚是不是自己想大快朵頤的食物，但瑞典人也不是那樣吃的。」

自從沉浸在發酵食物的世界後，卡茲的健康狀況保持得很好。但他很快發現發酵食物並不是特效藥。他說道：「發酵食品沒有讓愛滋病毒消失。」他固定吃藥治療病毒感染，對於飲食則秉持均衡之道。如他所說明的：「我們知道在腸道、腸子內的細菌，對我們體內不同的運作過程有重大影響，牽涉到消化、養分同化作用、免疫功能、心理健康、肝功能等層面。有一些證據顯示，對腸內菌叢有正面影響的食物，可能對這些層面都有所助益。」因此，他說道：

「如果有人面對食物的態度是『噢，也許這個有助於我的整體消化和營養機制，這個有助於我的整體免疫功能，這個有助於我的整體心理健康』，就會產生重大影響。不管你的健康狀態如何，這些東西會對你大有助益，而且眞的不會有什麼重大風險。」

卡茲說道，畢竟幾千年來，「每個人都是吃著『細菌作用』的食物，因爲細菌是幫助人們保存食物，同時確保食物安全、讓食物易於消化、變得美味的重要功臣。」

儘管目前各種科學知識可以讓我們窺見這些忙碌的發酵活動，但他指出：「發酵是遠古既有的思維。許多發酵食物有利長壽養生，也有眾多證據可以解釋爲何有此效用，無論這些食物是康普茶、德國酸菜、優格、克菲爾發酵乳或是墨西哥的普逵酒[10]。」他表示，如今比以往更重要的當務之急，是讓這些食物重新融入我們的日常飲食。

醃菜製程通常不外乎四個字，如卡茲所歸納：「切、（用鹽）醃、塞（入瓶罐）、等。」但他也補充，別忘了「經常試味道，好好享受一番！」

卡茲提醒，最重要的是要靈活求變。他說道：「我每次都會嘗試一點不同的做法。」就算完全照著相同的食材清單和步驟來醃製，出來的結果也絕對不會完全相同，原因是食材本身及

10 普逵酒（pulque）是用龍舌蘭草汁液發酵而成，含有嗜酸乳桿菌、腸膜明串珠菌、乳酸乳球菌及其他微生物。

其包含的微生物群各有差異，所處環境也存在一些小變數。所以在這不斷變化、仰賴各種要素協調作用的過程，可以期待各種豐富多變的滋味產生。

不管你是按照什麼做法（或是隨興而爲），卡茲說道：「對於任何有興趣嘗試發酵品製作的人來說，我的衷心建言是，發酵品的製作超級簡單，不需要特殊設備、不需要特殊的菌酛。成品美味無比，而且富含各式各樣的菌種。」

## 發酵食品安全嗎？

隨著各種創新又美味的發酵食品如雨後春筍般出現在農夫市集、健康食品店，甚至主流超市，嘗試在家自製發酵品似乎是多此一舉，而且有點令人生畏。

放心拋開你的擔憂，把所有疑慮都丟到堆肥桶吧！自製許許多多美味誘人的發酵食品，眞的超簡單又很有成就感，而且成果遠超出期待。正如伏木暢顯提醒我們的，我們不用完全親力親爲，因爲有很多（微小的）廚師在旁助我們一臂之力。

許多初次嘗試製作發酵品的人，必然會對安全性有些許疑問。大部分的人從小便被教導要把所有食物冰起來、檢查有效期限，任何東西只要帶有一丁點黴菌，就認爲是有毒。所以，把食物放在室溫下連續數天、數週甚至好幾個月不管，營不營養就算了，怎麼可能製作出安全的食品？

這時候該把眼鏡往上推回鼻樑，複習一下我們截至目前學到的一些微生物學知識。那就是：酸性可以殺死病原體。所以只要發酵品的酸度增加，不論是優格、德國酸菜或康普茶，可能致病的微生物就會一命嗚呼。事實上，這也是食品發酵被認爲比填裝至罐頭更安全的原因之一。如果食物未妥善製作成罐頭，**肉毒桿菌**（也就是肉毒桿菌毒素的來源）便可存活下來。事實上，美國疾病管制與預防中心（U.S. Centers for Disease Control and Prevention）建議，任何酸鹼值超過四．六的罐頭食品，都應以壓力鍋殺菌（現在連沸水殺菌法也過時了）。蔬菜只要發酵到酸鹼值低於四．六就安全無虞了，所以把肉毒桿菌中毒的隱憂消除後，我們便可放心動手，不用懼怕食物中毒或致死。如山鐸．卡茲指出：「發酵品非常安全，從來沒有任何疾病或食物中毒的先例」說的是經過適當發酵的蔬菜。只要酸度達到安全的低酸鹼值，發酵品應該就安全無虞。

卡茲表示：「發酵食品另一個很大的好處是，在我們食用前就經過細菌分解。在醃缸、乳酪、義大利香腸裡，或在任何階段，養分被分解成更簡單，且通常是生物利用率更高的狀態。」就如同發酵乳製品裡分解乳糖的微生物，其他發酵食品如十字花科的花椰菜和包心菜裡面的微生物，可以分解菜的養分，讓許多人更容易吸收。

在這些具體的理由之外，卡茲也堅定表示，製作與食用發酵食品還有另一個比較抽象的理由：發酵食品是人類文化遺產的一部分。如他在所著的《發酵聖經》中寫道：「我一直在尋找有什麼文化不存在任何形態的發酵食品，但是遍尋不著。」這些食物「似乎以各種形態存在於每一種飲食傳統之中。」我們現在爲什麼反而要棄絕微生物呢？

## 餵養轆轆飢腸

時興的發酵食品熱潮，對暫居在全世界腸道裡的微生物群來說，無疑是一大福音。而有待探索的益生菌世界，是如此誘人、神祕又隱「穢」。

但這股爆發的人氣並未顯著擴及益菌生，使得這些腸道的重要元素大多淪爲配角。要比照勁道十足的石榴口味康普茶，大力推銷全穀類和生洋蔥也許並不是那麼容易。但這眞是太遺憾了，因爲忽略益菌生食品，就是忽視長居在我們腸道內的嬌客，牠們是如此竭力求生。當然，要鼓吹人們在一碗普通的燕麥粥加入疙瘩狀的塊莖或灑上無糖的可可粉，可能也是一大難事，但有些人正爲此汲汲努力。

有一群廚師長期以來以優雅的風貌，將纖維與發酵文化呈現給一群獨具慧眼的饕客。

在舊金山一度聲名狼藉、如今已變身爲高級地段的傳教士街（Mission Street），座落著一間裝潢時髦的餐廳——Bar Tartine。裡面的廚師端出獨具巧思的精緻菜單，是爲腸道及居於其內的嬌客所精心設計的。

主廚科特妮．伯恩斯（Cortney Burns）在處理自己的腸道問題時，發現了此種飲食之道。在刻意攝取有益下腸道及其菌叢的飲食後，她表示：「我個人覺得很棒，也驚覺從飲食觀點來看，要保養腸道原來有如此多樣化的選項。不但有益自己的身體，也有助於調配食物的香氣、味道、質地，這些都是其他方法辦不到的，於是對此產生熱愛。」

在某個春日晚間，Bar Tartine的「親友共享餐」提供了多達十四種不同菜色，全部分配得妥妥當當，連擠在餐廳白色大理石長吧台的成員也照顧到了。與日式料理相仿，菜餚分裝在一堆小碗內呈上來。加了葛縷籽和新鮮酪奶（buttermilk）的甜菜湯，味酸但口感柔滑。多種全穀麵包，可以嚐到各式各樣的質地和纖維。自家醃製的紅色酸菜佐薑絲，滋味明快清爽。添加鯷魚與黑麥的菊苣沙拉，上面鋪著香濃的菲達乳酪。而發酵過的菊芋沾醬，在舌頭留下淡淡的朝鮮薊味，輕送入口便滿溢柔順的口感。

烹煮刻意照顧我們體內微生物的發酵料理，對許多在美國成長的人來說，並不是自然的本能。要實際做到，必須放下一定程度的控制欲，讓看不見的微生物，也就是神祕、甚至略帶危險性的力量，接手一部分的過程。要融入亦包含益菌生化合物的食物，可能要更努力讓習慣成自然（不只是接受其口感）。運用精緻豐富的食材烹調出一道美味佳餚很簡單，但要融入菊苣或菊芋，抑或是一大份豆類，掌廚人不僅要特別用心，也得相信用餐者願意接受有點出乎意料的食材。可喜的是，伯恩斯和同事決定放膽一試。如果餐廳在週間晚上的顧客滿座可當成衡量基準，這份用心絕對是值得的。

雖然伯恩斯的料理精緻又展現高超廚藝，從中汲取心得運用在我們的日常生活也未嘗不可。如此一來，可以豐富平日攝取的植物種類，方法可以是儲存更多乾燥的豆類、採買（食用）青綠色的香蕉，或是嘗試比較鮮爲人知的蔬菜，像是菊芋等。

這些食材有的乍看之下並不是特別吸引人。「這些食材的根莖部分眞的是不太上相」，我在基石研討會人類微生物體相關座談見到微生物學家派崔斯．卡尼（Patrice Cani）時，他如此說道。「眞的不太上相，但很好吃，眞的很棒。」

菊芋便是不太上相的根莖類蔬菜之一，但那些瘤狀的小塊根可提供絕佳的益菌生纖維，尤

簡易食譜

# 烤菊芋

以下是烤菊芋的簡單做法，可以當配菜或加入沙拉食用。食材包括菊芋（英文別名是Jerusalem artichoke）、橄欖油、喜歡的香草（迷迭香或百里香效果不錯），以海鹽與胡椒調味。

雖然菊芋的瘤狀塊根不太上相，卻可提供絕佳的益菌生纖維，尤其是菊糖、果寡糖等。

- 將烤箱預熱至約攝氏177度。
- 取約1磅（約0.45公斤）的菊芋洗淨，去除所有在馬鈴薯上也會看到的芽眼。
- 菊芋如果體積較大，可以切成小塊（約1吋即可）。
- 將橄欖油與香草一起放入一個大碗，加入菊芋並攪拌，使油和香草覆蓋在菊芋表面。
- 將菊芋鋪在有邊的烤盤上，視喜好灑上海鹽與胡椒。
- 在烤箱內烤約30分鐘，或直到質地變軟為止。

其是菊糖、果寡糖和許多不同的維生素與礦物質。

就我的個人經驗，菊芋超級好種，事實上，是有點太好種了。雖然有人勸誡，若不希望菜園永遠被高壯的向日葵屬植物侵占，最好不要種植這些植物，但為了嘗試更有益微生物的飲食，我置若罔聞。我訂了一小包種苗塊莖，於晚春時挨著馬鈴薯旁邊種下，不知道最後是能挺住還是被擠出來。但最後些塊莖挺住了，一路拔升，超越了我最高達到六呎的棚架，就在盛夏過後，最終開出令人失望的小黃花。接下來的秋天，我採了一籃子滿滿的塊莖。我誤以為菊芋在地下生命力如此旺盛，整體來說應該也很耐放，於是將還沾滿泥土的塊莖丟在後面的房間約一週，直到我有空可以思考，究竟應該如何處理這些不知道多少磅重、含有菊糖的塊莖。當我回來一看，我發現整籃塊莖變成乾癟又不能食用的褐色塊狀物，最後只能丟到堆肥桶。菊芋試種記也許就這麼結束了，不過，在接下來的春天，我很快就體認到，我根本就沒有採完所有塊莖，因為這些菊芋再次長滿，而且勢力擴大到威脅馬鈴薯的地盤。然後蕪菁、甜菜、蒲芹蘿蔔[11]（parsnip）陸續淪陷。再接下來的夏天，整個土壤床布滿了模樣笨拙的莖梗，上面開著沒有採摘價值的花朵，將一旁羅勒與迷迭香的光線遮去了一大片。那時我才終於瞭解「**菊芋**」果真不負其名[12]。

前院醜陋的一大片菊芋讓我羞恥不已，我整個夏天都在發誓，接下來的秋天一定要採取激烈手段好好清理。必要時，即使丟棄我細心培養的土壤床也在所不惜，只要能夠讓我的菜園脫離這種狡詐植物的魔掌，我什麼都願意做。

但到了同年的十一月，趕在下雪前整理菜園並做相關處理時，我又採了一籃子的塊莖（這次數量遠多於上一批），馬上將它們洗刷乾淨。兩個大攪拌盆裡裝滿依然濕潤、長了一堆節瘤的黃澄色塊莖，我怒眼直瞪，不知道究竟要如何料理這些傢伙。我在居家園藝網站確認過，沒錯，這些塊莖離開土壤後不能保存很久。（顯然最好的做法是秋冬之際，有必要時才採摘——如果你和我一樣是個新手，一次採收一大批，就可以埋在砂桶裡，放置在玄關保存。）於是我大膽把所有塊莖都烤了，事後也慶幸還好有這麼做。一口咬透外皮，吃到中間的部分又軟又甜，比馬鈴薯好吃得多。這一大批整塊烘烤的實驗性菊芋，被直接送進冰箱，當成那一週的配菜。而滿滿一盤較小的菊芋，則是分裝到零食袋當午餐，或裝進較大的冷凍保鮮袋當晚餐享用，就這樣度過整個冬天。

菊芋最後獲賜三乘十呎面積的土壤床，很快就立地稱王。之後的夏天，想到很快就能再度享用意外美味的益菌生小菜，我的羞恥感略有減退。

---

**11** 譯註：又名防風草。

**12** 譯註：菊芋的原文sunchoke直譯是「阻塞陽光」的意思。

雖然有益我們體內微生物體的飲食方式，可能曾經深植在我們的文化之中，但我們目前有更甚以往的多種食物可供選擇，而許多食物已從良好的飲食傳統中連根拔除。要重建根基，再造兼容並蓄、富含發酵及益菌生食品的飲食文化，可能是一大挑戰。但現在能瞭解到，不只是「人如其食」，也是「人如體內微生物所食」，或許也有所助益。

# 結語：拯救看不見的世界

眼見生物多樣性在全球雨林、珊瑚礁、北極浮冰中逐一喪失，我們總是不吝譴責，並認同這些全球各地的變遷，即使是發生在遙遠之處，對人類本身的福祉也有長期影響。但我們卻遲遲未能醒覺，就在我們自己的體內，另一個生態世界也正迅速凋亡，而此景況對我們的身心健康具有立即且極爲重大的影響。

我們在不知不覺中轉變了我們的微生物群相。現代人通常是剖腹產出生，被餵食配方奶（或不再含有完整菌叢的母奶），從小到大，喉嚨一有酸痛就吃抗生素，在乾淨無比的環境中生活、工作，濫用抗菌產品，吃著經過加工、精製、高溫消毒、壓力殺菌、輻射滅菌處理的食物。此外，我們也將人類平均壽命拉長至超過七十八歲，視爲現代科學的奇蹟。

與此同時，肥胖與代謝症候群人口暴增，憂鬱疾患四處可見，孩童還沒學會乘法表就罹患了第二型糖尿病，而在教室看到「艾筆腎上腺素注射筆」[1]更是稀鬆平常。

也許我們沒有自己想像中的健康。我們將這些病症歸咎於生活上多不勝數的改變，從久坐不動，到暴露在未經深入研究的化學物質等不一而足。但許多研究人員正在探究，身為許多物質媒介的微生物體，似乎不再能確保我們的健康。雖然照顧體內微生物不會讓你有能力抵抗所有疾病、減掉體重，或舒緩發紺症狀，但綜觀整個人類社會的狀態，史丹佛大學的艾芮卡．桑內堡表示：「我不認為有什麼論證可以說明西方人體內的微生物相是健全的。」

主要的問題之一在於，**人類體內的常駐微生物，以及透過食物與環境接觸的微生物，正雙雙失去多樣性**。誠如艾芮卡與丈夫賈斯汀．桑內堡在兩人的專文所述：「隨著西方人微生物相的多樣性消失，其微生物所組成的生態系統面臨了更大的崩壞風險。」

°O°o°o°

雖然微生物體在許多層面依然無法一窺究竟，但我們每天都更進一步瞭解體內的益菌及其與人體健康的關聯。在探究過程中也揭露了一些耐人尋味的訊息，例如微生物群欠缺多樣性，與肥胖、健康狀況不佳，以及特定炎症性腸病的病徵有關聯。然而，何謂健康微生物群尚未有確切的定義，對每個人來說，健康的微生物群有可能略有差異。或許有一天，我們能夠更精準

1 譯註：EpiPen，抗過敏急救藥物。

鎖定體內的微生物，辨識出哪些對所有人最有助益。

目前已經可以著手開始的工作，是瞭解我們現有的微生物群落。現在只要花不到一百美元，任何人都可以進行腸道微生物相基因定序[2]，瞭解當中最優勢的菌種、最不尋常的菌種，以及將整體多樣性與全球其他族群相比較。當然，這只是靜態的分析結果。服用抗生素、出國一趟、幾天未正常飲食、生病或承受壓力，都可能改變腸道菌相。有一天，或許會有一套日常解析系統，可從私密的衛浴空間監控微生物的健康狀態。從中獲得的長期資訊，可讓我們追蹤相關趨勢，也許偵測到的變動，能提醒我們即將出現的健康問題，或是協助我們調整飲食，爲個人量身打造最佳的腸道微生物群相。

除了監控體內的微生物以外，我們還將持續發現新的微生物做爲益生菌之用。另外，我們可能甚至很快就會看到微生物經過某種方式的微調，進而提供額外效益。有些研究人員已開始進行菌株基因改造，賦予其有益的特性。科學家也將透過飲食及特定益菌生化合物，找出更精準的方式來操控整個微生物相。

我們正經歷許多出人意表、規模遍及全球的健康實驗，有些結果令人振奮，例如根除一度猖獗的傳染病。有的則令人恐懼，例如肥胖相關疾病的擴散——從以往極度罕見的狀態，發展到現今影響全球十三%的人口（以及美國三十五%的人口）。還有我們沒報名參加的其他健康實驗，也一直在我們的眼前進行，悄悄干擾古老的生態系統，導致了我們現在才開始拼湊起來的後果。

要拯救搖搖欲墜的微生物相或強化既有的好群落，並沒有一套金科玉律，但可以放眼世界，探尋眾多人類文化所創造的料理，從這些世代相傳、因應演化而展開的非正式實驗中獲得一些啟發。

對於飲食與微生物相的研究結果，印證了傳統益壽延年相關飲食許多共通的要義：多吃蔬果、多攝取纖維、適度攝取肉類，以及食用發酵品補充三餐營養。「我們是生命共同體」，艾芮卡．桑內堡如此說明我們和體內微生物之間的關係。「所以不利人體健康的，應該也對微生物相沒有益處。」反之亦然。

對於人類的先祖來說，選酸菜而棄蛋糕，選泡菜而棄薯片，並不是什麼大難題。遠古的食物選項，侷限於我們或鄰居可以製作或採集的食物，但我們今天面臨了全新的挑戰。艾芮卡指

2 編註：目前台灣也有生技公司提供此項服務，詳情可上網查詢。

出：「每個人去到麵包店，都會覺得東西好可口吧？」如果我們隨著演化過程，會自然而然尋求甜食來立即補充精力，或選擇高脂肪食物來儲存身體能量——而部分原因在於這些食物相當稀少——那麼我們現在如何做出更好的日常飲食選擇？她表示，主要仰賴日常實踐與早期教育。「良好的飲食觀念必須從小培養，孩童長大成人後，才曉得『我要選擇我確知是有益健康的東西，而不是遠古的腦子裡渴求的東西。』」許多文化都教導孩童，健康勝於一時的滿足。艾芮卡說道：「這正是我家用來對付小孩子的計策。把羽衣甘藍沙拉端到他們面前時，我們會教導說這個可以用來餵養你體內的微生物。吃這些東西會變得更健康，而且吃東西是爲了長遠健康著想，不是爲了用糖和脂肪刺激腦內啡大量分泌來尋求一時的滿足。」賈斯汀．桑內堡帶著苦笑附和道：「我們認爲這就像是灌輸教義，必須『**徹底**』洗腦才行。這些觀念會深植內心，日後面對抉擇時，他們會說：『噢，不，我是沙拉一族，我們都是這樣吃的。』」這些觀念會轉變成「**他們**」的文化。

攝取有益人體微生物的飲食未必得煞費苦心，或是被剝奪享用美食的樂趣。一旦知道需要的是什麼食物，要烹調享用並不難，而且可以嚐到絕佳的美味。德國酸菜、韓式泡菜及其他發酵的蔬菜，可以爲餐點添加不同層次的風味。發酵過的豆沙可以爲單調的菜餚帶來更醇厚甘美的味道，富含纖維的蔬菜可以讓菜色更豐富扎實。有些人可能需要一點時間來習慣這些食物的風味與口感。當然，這些食物不是拿來當主菜，不過一旦吃習慣發酵或高纖維的食物，要是沒擺上桌，也許會開始覺得三餐似乎缺少了什麼。

重要的一點是，在一波波新興的發酵食物熱潮中，不要忽視了這些菜餚在其文化扮演的角色。對大多數的日本人來說，晚餐來個「納豆全餐」想當然耳會令人怯步，而早餐光吃泡菜，在韓國可能也無法被接受。這些食物是日韓菜系的經典要角，但只是其中一部分，還需搭配多樣的食物享用，進而提供豐富多樣的纖維與巨量營養素[3]（macronutrient）。只要廣泛攝取各種食物，不讓發酵或高纖食物只出現在偶一爲之的健康餐，我們就能常保健康。所謂「人如其食」，多元攝取各種食物才是正確之道。

正如全球各地物種正在逐漸消失一樣，常駐在我們體內、數百萬年來幫助人類與人類先祖的微生物種，也正在大量凋亡。有鑑於這場大變動，科學家正竭盡全力，希望趕在菌種及菌株永遠消失之前，將全球各地人類族群的微生物群分門別類、登記在冊，範圍涵蓋坦尚尼亞的傳統狩獵採集族群、委內瑞拉的亞馬遜部落，也包括你和我。

3 譯註：指碳水化合物、蛋白質、脂肪等可以提供熱量的營養素。

除了削減人體本身腸道內微生物的多樣性以外，全球化與工業化也威脅著各式各樣的微生物飲食文化。數千年來，飲食中的微生物幫助人類保存傳統料理與食物製程。隨著各企業藉由嚴格規範菌株來簡化生產流程，以及主管單位嚴令製程必須嚴控消毒，複雜強健的傳統微生物群落正逐漸在食物界消失無蹤。

如我們所見，眾多科學家正努力研究傳統發酵食物與飲料中的微生物生態。但即便在今日，其研究通常仍旨在培養標準化的菌酛。**簡化豐富多樣的發酵食品是方向錯誤的舉措**。我們才剛開始體認到發酵文化是如此繽紛多彩，以及多樣性對我們的飲食和健康是如此重要，一旦失去這些微生物，我們就會遺失唯有其能夠創造的所有微妙風味、口感及飲食體驗，牠們在我們的體內也將不復存在。

要是失去了長期以來與我們爲伴的微生物，我們還會失去什麼？我們會失去在人類普世文化中，許多經歷時間淬鍊的獨創巧思。

我們可能會失去一點人類獨有的特質。

所以貿然倡導簡化均一的菌酛，實在是不智之舉，因爲會將所有的猶太逾越節薄餅（matzoon）、納豆、奇恰酒同質化，進而減少我們對廣大多樣微生物的接觸量，同時可能會摧毀稀有且尚未驗明的菌株及微生物活動，最終抹煞其健康效益。此種強加的發酵文化，無論是從人類整體或環境層面來看都難以容忍。我們必須更細心觀察微生物多樣性及相關文化傳統，注意其樣貌有何轉變，如此一來，便可望爲普羅大眾保存更豐富多彩的未來。

既然沒什麼可失去的，還有數以兆計的微生物可收入囊中，就讓我們一起（重新）擁抱發酵文化！

# 延伸閱讀

以下是我在研究過程參考的一些最具閱讀價值的熱門書籍。這個書單適合較關心科學與食品知識，而非較有興趣閱讀一般飲食書籍（有些書會根據現有的科學數據提出令人存疑的結論）的人。隨著發酵食品領域愈受矚目，每季都有更多關於腸道微生物相、發酵、飲食、食品的好書問世，所以我鼓勵大家持續閱讀相關書籍，就如同我們會攝取多樣化的飲食來餵養體內的微生物體。

- Martin J. Blaser, *Missing Microbes: How the Overuse of Antibiotics Is Fueling Our Modern Plagues*. New York: Henry Holt, 2014.
- Dan Buettner, *The Blue Zones: Lessons for Living Longer from the People Who've Lived the Longest*. Washington, D.C.: National Geographic, 2008.
- Rob Dunn, *The Wild Life of Our Bodies: Predators, Parasites, and Partners that Shape Who We Are Today*. New York: HarperCollins, 2011.
- Gulia Enders, *Gut: The Inside Story of Our Body's Most Underrated Organ*. Vancouver: Graystone Books, 2015.

- Masayuki Ishikawa, *Moyasimon: Tales of Agriculture.* New York: Del Rey, 2009.
- Sandor Ellix Katz, *The Art of Fermentation: An In-Depth Exploration of Essential Concepts and Processes from Around the World.* White River Junction, VT: Chelsea Green, 2012.
- ——*Wild Fermentation: The Flavor, Nutrition, and Craft of Live-Culture Foods.* White River Junction, VT: Chelsea Green, 2003.
- Rob Knight, with Brendan Buhler, *Follow Your Gut: The Enormous Impact of Tiny Microbes.* New York: Simon & Schuster/TED, 2015.
- Daphne Miller, *The Jungle Effect: A Doctor Discovers the Healthiest Diets from Around the World— Why They Work and How to Bring Them Home.* New York: William Morrow, 2008.
- Justin Sonnenburg and Erica Sonnenburg, *The Good Gut: Taking Control of Your Weight, Your Mood, and Your Long-Term Health.* New York: Penguin Press, 2015.

# 謝詞

首先，我要感謝許許多多的微生物，讓我能撰寫這本書。同時非常抱歉，我小時候亂說自己「生病」，也因此服用了不必要的抗生素。此外，要感謝我在爲此書研究取材時，招待我享用美味發酵食品與飲料的眾多朋友。

除了照顧我腸胃的朋友之外，這本書能順利完成，也有賴數十位專家（在科學、食品領域，或兩方兼具）的慷慨無私（與眞知灼見）。多謝他們願意撥冗分享所學，表達對微生物界的關懷。在此感謝威里・范・亞、凱薩琳・阿瑪托（Katherine Amato）、伊麗莎白・安達、馬丁・布雷瑟（Martin Blaser）、科特妮・伯恩斯、派崔斯・卡尼、強納森・艾森、伏木暢顯、布魯斯・傑曼（Bruce German）、丹尼爾・格雷、馬特・漢（Matt Hann）、柯林・西爾、本田賢也（Kenya Honda）、詹姆斯・霍華特、愛麗克絲・赫茲文、羅伯特・哈金斯、普爾納・卡斯亞普（Purna Kashyap）、山鐸・卡茲、瑪拉・金恩、薇洛・金恩、羅博・奈特（Rob Knight）、克里斯多福・拉克魯瓦、李明基、艾瑞克・馬爾騰斯、馮索皮耶・馬汀（Francois-Pierre Martin）、增山益（Masu Masuyama）、松木隆寬（Takahiro Matsuki）、丹尼爾・麥當勞（Daniel McDonald）、安尼克・摩塞尼爾（Annick Mercenier）、李歐・米勒、大衛・米爾斯、伊蓮・莫瑞斯、科斯塔斯・帕帕季米特里烏、恩納・雷佐尼科、坂本由佳莉、柴田英之（Hideyuki Shibata）、艾芮卡・桑內堡、賈斯汀・桑內堡、丹尼爾・斯塔爾德、凱利・斯萬森（Kelly Swanson）、艾菲・札卡里杜、彼德・特恩博、尼可斯・瓦里斯、延斯・瓦爾特（Jens Walter）、班傑明・沃爾夫、湯瑪斯・德・烏特斯、吳蓋瑞、艾米爾・哲令帕爾（Amir Zarrinpar）、趙立平等，以及協助我完成這趟旅程的所有朋友。許多對話訪談令我受益良多，即使未能收錄進此書，但對我瞭解複雜又不斷演變的發酵領域有莫大幫助。

非常感激優秀的經紀人梅格・湯普森（Meg Thompson）找到我，也爲我的著作找到居所，並且在必要時耐心傾聽。感謝潘姆・克勞斯（Pam Krauss）買下此書，展開漫長的發酵過程。也要特別感謝瑪麗安・麗茲（Marian Lizzi）一路陪伴此書到完成那一刻，並確保內容易於消化入口。

我要感謝我二〇〇九年在《科學人》（*Scientific American*）雜誌實習期間，開始報導微生物體題材時，每一位指導我的新聞編輯同仁，包括史考特・亨士利（Scott Hensley）、羅賓・洛依德（Robin Lloyd）、伊萬・歐蘭斯基（Ivan Oransky）、菲力普・任（Phil Yam，我將他的推文貼在自宅辦公室好幾年：Trending on @SciAm：人工腸道闡明了黑巧克力的好處。初稿我放了「屎」這個字…… by @KHCourage」）。我也要感謝所有過去及現在共事的同仁，謝謝你們一路鼓勵與支持我（尤其是我在科羅拉多州立大學自然科學學院〔College of Natural Sciences〕任職時的同事）。深深感謝多年來所有我敬愛的師長及指導教授，包括馬克．阿莫迪奧（Mark Amodio）、法蘭克．卑根（Frank Bergon）、馬克．強森（Mark Johnson）、德瑞克．裴瑞（Derek Perry）、彼得．羅賓森（Peter Robinson）、史蒂文．溫伯格（Steve Weinberg）及許多師長。

要再三感謝的，是我慈愛的雙親，潘蜜拉．羅傑斯（Pamela Rogers）與威廉．哈爾蒙（William Harmon），在教養過程啓發我們的好奇心，讓我們勇於動手實作。永遠感激我的祖父母，西奧多（Theodore）與伊莉莎白．羅傑斯（Elizabeth Rogers）給予我長久的支持，以及無窮盡的啓發，讓我始終樂於學習、保持熱情，懷抱深切的感激（而且跑步、寫作堅持不懈）。

感謝諸位好友（你們知道我說的是誰）如此體諒、支持我，又如此聰慧風趣。

最後，由衷感謝（給我一個不用工作的長假）我「七十億人中選一」的丈夫，大衛．科瑞吉（David Courage）。大衛，你讓我成爲更好的作家，也成爲更好的人。感謝你如此用心（而且鉅細靡遺）協助改稿，提供深刻睿智的見解，在這漫長的過程中數之不盡的支持（無論是在研究所求學或工作期間），以及所有貼心的陪伴。謝謝，我愛你。我們應該去哪裡慶祝？

國家圖書館出版品預行編目資料

發酵文化：古老發酵食如何餵養人體微生物？ / 凱薩琳 · 哈爾蒙 · 柯瑞吉 (Katherine Harmon Courage) 著 ; 方淑惠譯 . -- 初版 . -- 新北市 : 方舟文化出版 : 遠足文化發行 , 2020.2

面 ; 公分 . -- ( 醫藥新知 ; 19)

譯自 : Cultured : how traditional foods feed our microbiome

ISBN 978-986-98448-0-2( 平裝 )

1. 食品微生物 2. 醱酵

369.36 108018252

醫藥新知 OAMS0019

# 發酵文化
# 古老發酵食如何餵養人體微生物？

作者　凱薩琳・哈爾蒙・柯瑞吉
譯者　方淑惠
封面設計　Chi-Yun Huang
內頁設計　Atelier Design Ours
選書編輯　陳嬿守
特約編輯　錢滿姿
行銷主任　汪家緯

讀書共和國出版集團
社長　郭重興
發行人兼出版總監　曾大福
業務平臺總經理　李雪麗
業務平臺副總經理　李復民
實體通路經理　林詩富
網路暨海外通路協理　張鑫峰
特販通路協理　陳綺瑩
印務　黃禮賢、李孟儒

總編輯　林淑雯
社長　郭重興
發行人兼出版總監　曾大福
出版者　方舟文化｜遠足文化事業股份有限公司
發行　遠足文化事業股份有限公司
231 新北市新店區民權路108-2號9樓
電話：(02) 2218-1417　傳眞：(02) 8667-1851
劃撥帳號：19504465　戶名：遠足文化事業股份有限公司
客服專線　0800-221-029
E-MAIL　service@bookrep.com.tw
網站　www.bookrep.com.tw
印製　通南彩印股份有限公司 電話：(02) 2221-3532
法律顧問　華洋法律事務所 蘇文生律師
定價　480元
初版三刷　2021年5月

方舟文化官方網站　方舟文化讀者回函